BIRDER SPECIAL
鳥たちは今日も元気に生きてます！

このお花畑には人間がたくさん来るけれど、
木道からこっちには入って来ない。
だから僕らは安心して
ラブソングを歌うことができるのさっ！

雨上がりの青空に虹がかかった。
電線に止まったイソヒヨドリが、まるで虹に乗っているようだった。
人工物を外すのが自然写真の定番のようだが、
感じたままの素直な気持ちでシャッターを切るほうが大切な気がする。
人工物が入ったって、美しければいいじゃないか。

真っ赤に色づいたサンゴ草(アッケシソウ)を見に、
北海道能取湖に観光客が集まる。
同じ場所に北から南への旅の途中、
栄養補給に野鳥たちも集まる。
互いに干渉をしない
こんなのんびりとした風景が、
いつまでも見られればいい。

青の世界

写真は真実を写すものというが、
表現するものでもあり、楽しむものでもある。
ないものを合成してでっち上げてしまうのは
いけないが、いろいろなことに挑戦して
楽しむ分には問題ないだろう。
「デジタルは何でもできるから写真じゃない」
という人もいるが、どうだろう?
この写真は、広角ズームレンズで
オオハクチョウに寄って、太陽を入れて撮影したもの。
出来上がった写真は悪くはないが、
これといっておもしろ味もなかった。
そこで現像するときにホワイトバランスを
2500Kにしてみると、真っ青で
おもしろい写真に仕上がった。
この写真を見てどう思うかは
見る人によってそれぞれだろう。
ただありのままに撮ることが基本だが、
時には遊び心を持ったほうが楽しくないかなぁ?

chick

ママ、まって〜。

　アメリカ合衆国カリフォルニア州モントレー。この町は美しいだけでなく、野生動物の宝庫でもある。そしてもう一つの顔は、お金持ちの町。知る人ぞ知る「JAZZとGOLF」で有名な町なのだ。
　さてこのカナダガンの親子がいる芝生は、もちろんゴルフ場。だから道路脇に陣取って撮影していると、私たちのそばに車が停まり「誰か有名なプレイヤーが来ているのか？」と質問されることがある。ベストスマイルで「ほら、あそこにいるカナダガンの親子の撮影をしているんだ」と答えると、みな肩をすくめ「はぁ〜なんてこった！」と言いたげなポーズで去っていく。まったくめんどくさいったらありゃしない。しかし地元の人たちからすれば、超望遠レンズをつけたカメラを持ったヤツが2人もいれば「どんなプレイヤーが来ているのだろう？」と勘違いしてしまうのも仕方ない。海外の野生生物で有名な場所では、日本国内のように超望遠のレンズが並ぶことは滅多にないのだ（日本が異常なのだ）。
　友人がこのヒナを追いかけて撮影を続けていると、突然、親鳥が向きを変えて突進してきた。逃げる友人を見て笑い転げる私。撮影はできなかったがいいものを見せてもらった。やはり「母の愛は強し！」なのだ。

陸上や船上から水中にいる鳥の姿を見たことがある人はいても、水中から鳥の姿を見たことがある人はそんなにはいないだろう。

さてこの写真は、コアホウドリのヒナの旅立ちを撮影するため海に入っていったときのもの。陸上ではヨチヨチ歩くコアホウドリのヒナだが、いったん海上に出ると、初めて泳ぐというのにそのスピードが速いことに驚かされる。だから追いかけるのもたいへんで、初めはフィン（足ひれ）なしでチャレンジしたがどうにも速いのでフィンを着けることに。しかし、足をついて撮影をしようとするとフィンが邪魔。だからといって泳ぎながら撮影しようとすると、波に翻弄されてしまう。難しい撮影に夢中になってヒナを追いかけたため、気がつくと水深1.5メートルくらいのところまで来てしまった。「まずい、早く戻らなければ」。以前このビーチで体長3メートル程のイタチザメが泳いでいるのを観察しているのだ。サメは、もちろんコアホウドリのヒナをねらって集まっている。急いで浜に向かって泳ぎ始めると、後ろで「ブシュー」と音がした。あわてて振り向くとアザラシののんきな顔が水面から出ているいではないか。「バカヤロー、本気でビビッたじゃねぇか！」。思わず叫んでしまった。

青い視線

chick

chick

たれふくろう

さわやかな風が吹く午後は、
ついついまぶたが重くなり
とっても眠たくなるんだよ。
樹の下では人間たちがちょっとうるさいけれど、
睡魔にはとても勝てません。
木の枝でとろ〜り、とろけて夢の中。
今日もかわいくたれてます。

chick

　ゴールデンウィーク、一人寂しく水の張られた田んぼを物色していると、私の車に驚き、ケリのヒナたちが田んぼの真ん中に飛び出した。車の窓枠にレンズをのせてヒナたちの姿を追うと、「キリキリキリッ」と名前の由来にもなったけたたましい金切り声が近づいてきた。こちらは地蔵様よろしく動きを止める。親鳥は開けた水面に舞い降りると、しばらくこちらを凝視し動きを止める。「キリッキリッ」と短い鳴き声を上げると、4羽のヒナが親鳥に向かって走り寄り、腹の下に潜り込んできれいに収まってしまった。これはうれしいハプニング！
　やがて車の中の地蔵様が安全だと思ったのだろう。1羽ずつ親鳥の腹の下から出てきて、何食わぬ顔で餌を捕りはじめた。「もし鳥が10本足だったら？」きっとバードウォッチャーの顔ぶれはずいぶん変わっていただろうなぁ。

10本足のケリ

秘密の隠れ家

　青い空、白い雲、エメラルドグリーンとコバルトブルーの海！　日射しはきつくまぶしくても、海を渡る風は心地よく汗を乾かしてゆく。それが沖縄の夏、身も心も開放せずにはいられない世界だ。
「だのに～なぜ歯をくいしばり、オヤジたちは写真を撮るのか～♪」。今から10年ほど前、沖縄のとある島に仲間と夏のイメージとアジサシ類の撮影に出かけた。「鳥のヒナがこんなところにいるけど、何のヒナ？」と友人が聞くのでのぞいてみると、シロチドリのヒナのようだがよくわからない。少し離れて親鳥が戻るのを待つことに。双眼鏡を片手に茂みに身を隠すが、これがまた地獄。風が……風がないのだ。おまけに正午近くで頭上をさえぎる影もない。約30分後、無事シロチドリの親鳥がヒナに餌を与え、飛び去っていった。撮影後、あまりの暑さに私たちが再起不能になったことは言うまでもない。

chick

ぴったりフィット

　コロニーに暮らすコアジサシのヒナたちにとって、野良犬はとても怖い存在。しかし野良犬が歩いた後にできる足跡は、ぴったりフィットの隠れ場所。

トラツグミのヒゲダンス

　行けば何か撮影できるだろうと現地に入ったのはいいが……う〜ん、少し遅かった。すでに葉が茂り森は暗くなりかけていた。それでも来たからには手ぶらで帰るわけにはいかない。白樺のきれいな林があったので、500ミリレンズを広角レンズにつけ替えてイメージ撮影をしていると、大型のツグミが視界のはしに入った。双眼鏡で見るとトラツグミだ。急いで500ミリレンズにつけ替えて寄っていく。

　トラツグミは、地面で屈伸運動（ダンスにも見える）をした後、くわえているミミズを地面に置き、足を使って地面を引っかき顔を突っ込む。次に顔を上げたときには、くわえたミミズが増えていた。顔を地面に向けた瞬間が近づくチャンスなのだが、ある一定の距離になると必ず飛んで逃げられる。チャレンジをくり返し、くちばしいっぱいにミミズをくわえた姿をようやく撮影することができた。

　この後、ふと疑問に思ったのだが、ほとんどのミミズはダラリとして動かない。元気に動かれては運びにくいので、捕まえたミミズの息の根を瞬時に止めているのだろうか？　そうでなければ地面に置いたときに逃げられてしまう。それに再びくわえ直したときに、これほど上手にくわえられる理由が見つからない。もしかして新鮮なまま持ち帰るのに、秘孔をついてミミズを仮死状態にしているのだろうか？

tasty?

イガごと運搬だい！

　カケスは群れで渡ることが多く、また一気に飛び去るというよりは、木々を伝いながら移動することが多い。これはタカに襲われるのを防ぐためだろう。

　そんなカケスたちを観察していると、何かをくわえている連中がいる。私たちが観察している場所の周辺はドングリやクリがたくさん落ちているので、どちらかをくわえているのはわかるが特定は難しい。そんな中、かなり大きなものをくわえたカケスがこちらに向かってふわりふわりと飛んできた。急いでカメラを構えると、ファインダーの中に見えたものは、なんとイガごとクリをくわえたカケスだった。イガが刺されば痛いと思うのだが、上手にくわえて飛んでいる。さてこれはどういうことなのだろうか。クリを1粒ずつくわえるのがめんどうくさいのでイガごと運んでいるのだろうか。もしかしたらクリが落ちている場所にはタカが目を光らせているので、すばやく取ってきた結果なのかも。

　カケスやリスがドングリなどを貯食するという話は有名だ。その後、掘り出されず春まで残った種子が発芽して森が広がるというのだが、さて渡り途中のカケスも、本能のままに貯食をするのだろうか？

tasty?

空飛ぶおやつ

　1羽のヨシゴイが、池に並べられた石の近くで餌をねらってジーっとしている姿を、カメラをセットしてぼ〜っと観察しているときのこと。トンボが1頭、ヨシゴイの周辺を飛び回っていた。しかしヨシゴイはトンボごときには関心がないのかまったく動こうとしない。と思っていた一瞬、ヨシゴイが飛んでいたトンボを見事に捕まえたのだ。関心がないふりを装いつつ、目の前を飛び回るトンボにしっかりとロックオンしていたのだろう。とぼけた顔をしているくせに油断のならないやつである。一度、ブルリと首を振るとトンボの頭が吹っ飛び、それきりトンボは動かなくなった。しばらくくわえたまま動かなかったが、その後、ぱくりとひと飲みにしてしまった。

　食べられるものは何でも食べるのだろうが、ピチピチと活きがいい魚に比べてカスカスに感じるトンボはおいしいのだろうか？　チゴハヤブサなどはトンボを普段から食べているようだが、ヨシゴイにとってのトンボは、好き嫌いランキングでいうと何位にランクされるのだろう？　おいしければ常にねらうのだろうが、トンボを食べたところを見たのはこの日が初めて。そんなに回数は多くないはずだし、魚に比べて捕りにくいような気もする。私の感覚からすると、トンボはスナック菓子——おやつという感じがしてならない。

　サギ類の中でも小型のヨシゴイは、いつ見ても餌を探して動き回っている。観察していればわかるが、捕まえる魚のサイズはほとんどメダカ以下なので、いくら小さな体でも捕る魚が小さいから数を食べなければ身がもたないのかもしれない。育ち盛りのヒナがいればなおさらのことだろう。ということであれば、ピチピチの小魚だろうがカスカスのトンボだろうが、食べられるものは何でも食べるということに落ち着いてしまう。「オチはないのか？もう少しひねりを入れろ！」って言われてもねぇ……。

tasty?

いただきま〜す

　北海道知床半島、フレペの滝。夏の北海道の夜明けは早く、午前8時ごろには太陽はかなりの高さにまで上がってしまう。哺乳類はピーカンの日中、あまり開けたところには出てこない。しかし、ここまで来て何もいないからとすぐに帰ってしまっては芸がないので展望台へ行ってみると、アマツバメがたくさん飛んでいるのではないか！　ウミウ、オオセグロカモメのコロニー上空を中心に群舞している。こんなにもたくさん飛んでいるなら撮らないわけにはいかない。アホのように（ホントにアホだけど）500ミリレンズを振り回してアマツバメをねらい続ける。おもしろいもので「決まった！」と思ったものは、案外決まっていて、巣材をくわえて飛んでいる姿を撮影することができ、意外な収穫があったとニンマリ。

　さてその夜、大量のピンボケデータを捨てまくっていると、一瞬目が釘づけになるカットが。100％に拡大してシャープを少しかけて……思わず万歳と叫んでしまった。虫が口を開けたアマツバメの前を飛んでいるカットが、偶然にも撮れていたのだ。デジタルカメラだから撮れるものが確実にあることを痛感した。

　大量のアマツバメは、オオセグロカモメとウミウのコロニーに発生するハエなどを食べるために集まっているのかもしれない。

欲張りすぎ

　干潟の浅瀬に群れるサギ類の中で、1羽のアオサギが大きなコイを飲み込もうと悪戦苦闘していた。時々野鳥たちを見ていると、どう考えてもそれは無理だろうという大きさの餌を、時間をかけて何とか呑み込んでしまう。しかしあまりにも獲物が大きすぎたのだろう。何度もくわえては下に落とし、結局あきらめて立ち去っていった。放置されたコイを別のアオサギが目ざとく見つけてチャレンジするが、当たり前だがこれまた悪戦苦闘。おもしろいのはあきらめて立ち去ったのに、別のアオサギが食べようとすると腹が立つのか、それとも今まで悪戦苦闘して失敗していたことを忘れてしまったのか、いったんはあきらめたアオサギが戻ってきた。そしてもう1羽がコイを下に落としたとたん、奪いに駆け寄ったのだ。

　そんな2羽のこっけいなやり取りを見ていて、何やらおかしくなってしまった。何かに似ているというより誰かに似ている。そう、自分を見ているようなのだ。いわゆる学習能力がなく、同じことをくり返すだけでちっとも進歩しない。結局、何ともならないので投げ出してしまうのだが、そのくせほかの誰にも渡したくない。馬鹿なくせに意地汚い……。アオサギに以前から親しみを感じていたのは、潜在意識の中に似たもの同士の部分を感じていたからかもしれない。いやもしかしたら前世はアオサギだったのかもしれない。

　さて以前、アオサギの狩りを見たことがあるが、小さな魚はくちばしに挟んで捕まえるが、獲物が大きいとくちばしでつき刺しトドメをさした後、くわえ直して呑み込んでいた。このコイも体に赤い点が見えることから、くちばしでトドメを刺されたのだろう。アオサギに放棄されたコイは、このままでは無駄死にとなってしまうが、きっと別の鳥か生き物がおいしくいただくことになるのだろう。そういえば、アオサギは畑でネズミを食べるし、ザリガニや昆虫も食べる。以前、死んで腐った魚をつついて食べているのを観察したこともある。魚の身が軟らかくなればつついて食べるのだ。

　以上を書きながら、もう一つアオサギと自分の共通点を見つけてしまった。それは何でも食べる悪食なこと。ただ大きく違っているのは、アオサギは"スリム"だが私は"メタボ"だということ。

あこがれて
いたのに

アメリカ合衆国アリゾナ州のサグアロカクタス国立公園にサボテンの撮影に出かけたとき、ある鳥との出会いを期待した。国立公園のキャンプ場に到着して車から出ると……暑い！ タオルに水をかけて頭に巻くが、30分で乾燥してしまう。乾くたびにペットボトルの水を頭にかけながら、ようやくサボテンに止まるあこがれのサボテンキツツキを確認。なるほど長く伸びた棘につかまり、尾羽を使って体を固定している。撮影後、テーブルに食材を広げてサンドイッチを作って食べ始めると、あちこちから鳥が寄ってきた。パンくずを少し投げてみるとサボテンミソサザイがくわえていった。それを見て次々に鳥たちが寄ってきた。なんとその中に、あこがれのサボテンキツツキも。パンくずをくわえて地面を歩く姿は、見たくなかったぞ。

食料庫の番人

一度でいいから出会いたい。そんな相手と偶然出会ってしまったときの感動は、どう表現していいかわからない。北アメリカにドングリキツツキなる変わったキツツキがいることは知っていた。偶然訪れた公園で、思いもよらず出会ってしまった。「あれ？ 見たことのないキツツキがいる」とカメラを構えて追いかけると、たどり着いた先にはドングリがびっしり埋め込まれた大きな樹が！ そこで正体がわかった。噂通りというか、名前の通りというか、ホントに樹の幹にドングリがこれでもかとつき刺さっていた。バーダーのみならず、初めてその光景を見たのなら、感動せずにはいられないはずだ。

厳冬期の北海道十勝川温泉での出来事。ここの寒さは北海道でもトップクラス。マイナス20度の朝は当たり前。時折マイナス30度にもなる。そんな寒い所にわざわざ出かけるのには、ワケがある。朝陽が気嵐(けあらし)の立ち昇る川面に差したときの幻想的なシーンにオオハクチョウを絡めた写真が撮りたいのだ。しかしこの日は思ったほど冷え込みがなく、朝日が昇ってしまった。

　1羽のオオハクチョウに目がとまる。なんとなくくちばしが変。よく見れば完全に氷に閉ざされている。しばらく見ていたが別にあわてた様子もないし、苦しんでもいない。しかしこのままでは何も食べられない。この後、このオオハクチョウはどうなるのだろう？　シワの少ない脳みそを使い私なりに考えてみた。まず、どうしてくちばしが氷に包まれたのか。たぶん水にくちばしをつけたとき、外気温が低いため瞬時にくちばしの表面に氷ができ、それを振り落とそうとくちばしを水につける。水中からくちばしを出すと氷がまた大きくなる。ツララのできる仕組みでくちばしが凍りつく。

　さて今度はどうやってくちばしから氷を取り除くか。地面に叩きつける、これは痛そうだ。仲間に手伝ってもらう、そんなシーンがあればぜひ撮りたいものだ。ではどうやって？　彼らの休息する姿を見て納得。くちばしを背中に回し最高級のダウンにつっ込んで寝ているのだ。体温で氷を溶かせば、痛くないし苦労もせずにすむ。

ツララな"くちばし"

エゾシカのオスを見つけたので、車を道路脇に止めて動きをうかがっていると、イワツバメが車の周りを群れ飛んでいる。「おや？」と運転席側の窓から下を見ると、イワツバメが車のすぐ脇で巣材をくわえて飛び回っている。どうやら偶然、巣材搬出場所に車を止めてしまったようだ。さて困った。車の30メートル先にはエゾシカ、2〜3メートル脇にはイワツバメの群れ……。う〜ん、こんなことは滅多にないのでイワツバメにターゲットを変更。

　ゆっくりと窓を開け70〜200ミリズームレンズでねらい撃ち！　しかし巣材をくわえる動きは意外に速く、ピント合わせが難しい。それでも近くにこれだけの数がいれば、撮れるものである。そのうちあるものが目についた。どうもイワツバメの体に何かがくっついているのだ。汚れであれば位置が変わらないのに、どうもソレは動いている。初めは目の錯覚か？と思ったが違うようだ。気になりだすと確かめずにはいられない。そしてとうとう何者かをとらえ、シャッターを切ることができた。後でフィルムを確認すると、イワツバメの寄生虫だということはわかったが、これが噂に聞く"シラミバエ"なのか？

　シラミバエが一生をイワツバメの体で過ごすのであれば、それはものすごく高速で動く世界だろう。でも、シラミバエは彼らの暮らす世界が空中を飛び回っていることを、理解できているのだろうか？

空飛ぶ世界

tasty?

ソロモンの指輪

通常、ヨシゴイの餌は魚である。新潟県瓢湖では普通、ハスの茎につかまったり、水面に広がったハスの葉の上で魚をねらっている。どういうわけか捕まえる魚はメダカよりも小さいものが多く、大量に食べなければ満足できないようだ。そんなヨシゴイはせっせと餌を捕まえては、食べながら移動する。

野生生物は時々、首をひねりたくなるような行動をとることがある。そんなとき"ソロモンの指輪"を使って動物たちにその意味を聞くことができれば、ずいぶん楽しいだろうと想像することがある。ソロモンの指輪とは、ソロモン王がつけていたという魔法の指輪のことで、動物たちと話ができたという。まぁ日本昔話なら"聞き耳頭巾"といったところか？　さてそんな魔法のアイテムなどもっているはずがないので、生き物たちの不思議な行動に自分勝手な解釈をつけてみる。研究者ならその行動を研究して論文など書いたりするだろうが、私はカメラマンなので勝手におもしろい想像をして楽しむのだ。

餌を食べ終わったヨシゴイが向きを変えたので「移動するな」と思いつつファインダーの左にヨシゴイを入れ、進行方向のスペースを空けて待っていると、なんと突然、上に登り出したではないか。「おいおい」。予想外の行動に構図を変える。上には餌になりそうなものはなく、ハスの蕾があるだけだ。ヨシゴイの擬態は有名で、ヨシなどの茎につかまり、体と首を伸ばして周囲と一体化する。そのユーモラスな姿が人気なのだけれど、こんな目立つ場所でまさか蕾に擬態するわけでもあるまいし（なんとなく似ていなくもないが）。上空を見回すがタカが飛んでいるわけでもない。なんでまた蕾にくっついているのか、わからない。

その後どうなったかといえば、何事もなかったように普通に飛び去っていった。彼はいったい何がしたかったのだろう？　想像も楽しいけれど、やっぱりソロモンの指輪があれば聞いてみたいなぁ。

いつ食べるの？

　フクロウは夜行性なので、当然のことながら日中はのんびりとうたた寝をする。カメラマンはそれを必死に撮影するが、大きな動きがないので1時間もすれば飽きてしまい、三々五々引き上げてゆく。ここではフクロウには近づかないという暗黙の了解があり、皆さん決まった位置から行儀よく楽しんでいる。ただ残念なことに、どこにでも不届き者はいるようで、ねぐらの洞の近くまで足跡が残っていたりする。近づき過ぎれば見上げる構図になり、いいカットは撮れないと思うのだが、人間の欲望はどうにも抑え難いようだ。

　ある日の早朝、もしかしたら日中と違いまだ動きがあるかもと現地に行ってみると、ネズミを捕まえ洞の入り口に止まっている。「ラッキ～」と撮影準備をするが、まったく食べる気配がない。時々カラスやオジロワシが上空を通過すると上を向いて緊張するが、それっきり。待つこと2時間、こちらの粘り負けで退散。

　翌日、地元でホテルを営む先輩カメラマンと会ったので昨日のフクロウの話をすると、なんと午後3時ごろにお客さんを連れて行ったら、まだネズミをつかんだまま洞に止まっていたという。あまり腹が空いていなかったのかな？

tasty?

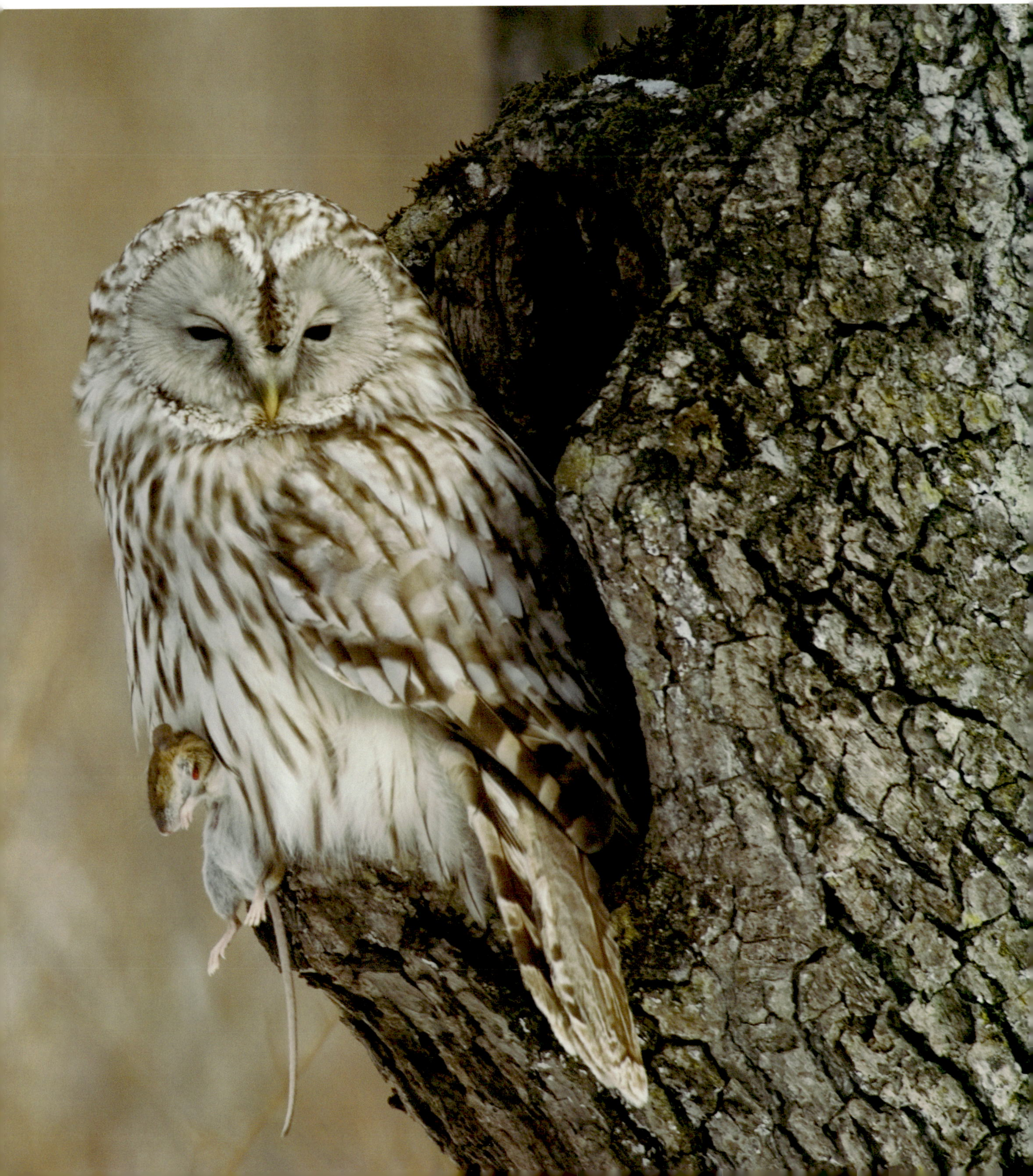

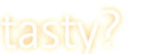

モズのはやにえといえば、さほど鳥に興味のない人でも聞いたことがあるのではないだろうか。食べもしないのに捕まえた餌を串刺しにする姿から、残酷なことをする意味に使われることにもある。モズは秋になると、昆虫やカエル、トカゲなどを木の枝や有刺鉄線につき刺しておき、冬に餌が不足すると食べるという。リスやカケスがどんぐりを地面に埋める貯食と同じなのだろうが、人の目につく分、印象が悪いようだ。実際、刺しているところを見たことはないが、刺されて干からびているものはよく見かける。

　以前、はやにえはほとんど食べられることがなく、ほったらかしのことが多いと聞いたことがある。干からびた獲物を見るたびに「こんなもの食べておいしいのだろうか？　空腹になれば背に腹は代えられず、命をつなぎとめるための保険のようなものなのだろう」と思っていた。

　しかしとうとう、モズがはやにえを食べるシーンを目撃、そして撮影するチャンスに恵まれた。まさに「オヤジも歩けばチャンスに当たる」とはこのことだ。

　偶然通りかかった農道脇に生えていた低木の中にモズを見かけた。よく見ると何かをくわえ格闘しており、こちらの存在などどうだっていいようだった。カメラを向けてピントを合わせると、干からびたトカゲかカエルを足で押さえ、くちばしで小さくちぎって飲み込んでいた。干からびた昆虫はおいしそうに見えなかったが、これなら私たちが食べるスルメや干物と同じではないか！　これほど必死に食べているところを見ると、おいしいに違いない。

　秋、雪深い土地ではモズのはやにえが高い位置にあるとその年は雪が多いといわれている。これはたくさん雪が降っても、はやにえを高いところに作っておけば雪に埋もれることなく食べられるためらしい。だが2007年秋、岐阜県の山間部でモズのはやにえが高い位置にあるので雪が多いといわれていたが、恐ろしいほど暖かな日が続いている。さて、モズのはやにえによる気象予報は当たるのだろうか？

はやにえの
お味は？

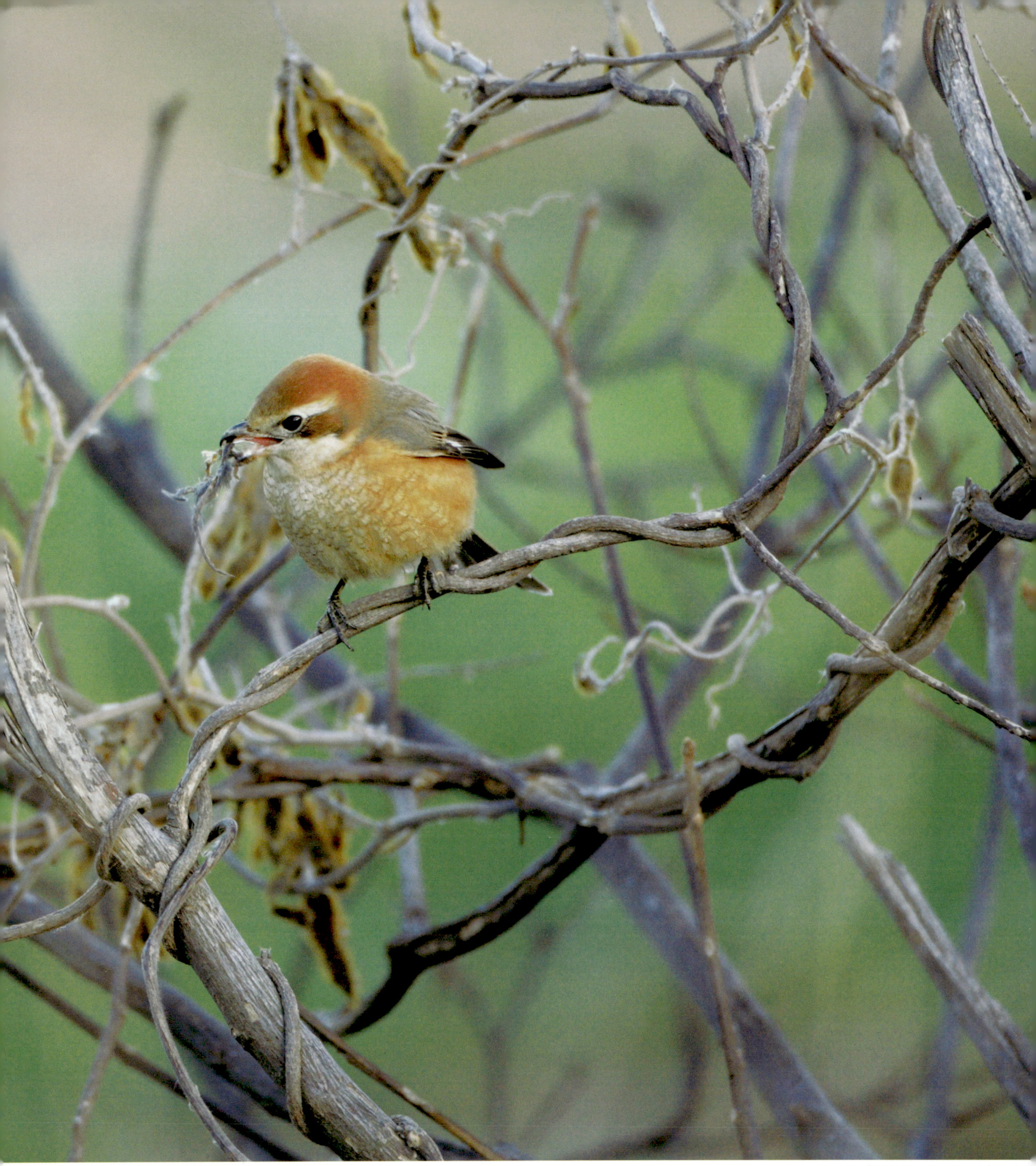

tasty?

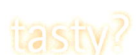

Phone
Phone
EMERGENCY
PHONE NUMBERS
FIRE DEPT. 333
POLICE DEPT. 555
AMBULANCE 666
MEDICAL 666

長い順番待ち

「もしもしオレ、元気してる？ そうそうあれからどうだった？ オレなんてあれからたいへんでさぁ……」「おいおい、いったい何分しゃべってんだよ。まったく近頃の若い奴ときたら常識がないったらありゃしない」「そういう君も若者やろ」。以上、コアホウドリ・コントでした。"チャンチャン"。

この原稿を書きながらあることに気がついた。今時、電話ボックスで長電話をする若者がいるのだろうか。今のご時勢、みんな携帯電話を持っているので、そのうち電話ボックスが何をするものか知らない若者が増えるかもしれない。なんて話はおいといて、本題に戻ろう。

青い空が海を青く染め上げ、海の青が今度は空の白い雲を青く染め抜くという日本人の常識をひっくり返す、青い世界・ミッドウェイ環礁。こんなすばらしい場所にある電話ボックスならイケてるモデルの一人でも置けば、それだけでコマーシャルになる。しかしコアホウドリのヒナじゃなぁ。どこかの企業でコマーシャルにいかが？などと営業には行けませんね。

写真はコアホウドリのヒナが雨宿りならぬ、陰宿り。コアホウドリのヒナが旅立つ６月後半から７月中旬にかけ、ミッドウェイはいちばん日差しが強くなり、炎天下では30分で干からびそうになる。しかし空気が乾燥し常に風が吹いていることもあり、日陰に入ると案外涼しい。それはコアホウドリのヒナたちもわかっているようで、日陰を目ざとく見つけて入りにくる。電話ボックスの外にいるヒナをよく見てほしい。かかとで体を支えて少しでも浮かせ、空冷効果を高めているのだ。もっと暑いときは、くちばしを開けてより効果を高める（犬が暑いときに口をあけて舌をたらし、ハァハァするように）。

さてこのヒナは、太陽が西に傾き涼しくなっても交代してもらえない。それどころか太陽が移動して影の位置が移動すれば、ヒナもそれに合わせて移動する。日が落ちて涼しくなれば巣に戻ってゆく。結局、外のヒナは電話ボックスには入れない。一日中電話ボックスに入れなかったこのヒナ、明日は入れるのだろうか？

ぼく、ペンギン?

　動物園のペンギン舎をのぞいて思わず笑ってしまった。なんとゴイサギがまるで自分もペンギンです、といわんばかりにペンギンにまぎれているのだ。この場合、どう見ても飼育展示されているわけじゃないが、さも当然といわん顔つきである。まぁ、ペンギンもゴイサギも鳥というくくりでは同じ仲間だし、なんとなく似ていなくもないが、実はペンギンたちに与えられる餌をくすねにきているだけ。

　ところで、野生動物が勝手に入り込んできた場合、動物園としてはどう感じているのだろうか? 餌泥棒たちに対して寛容な心で接していると思いきや、先日、ペンギン舎を訪れたところ、サギやカモメたちが来ないようにピアノ線が張られていた。

ブラインドに入りカワセミを待つこと2時間。やっと来てくれた。カワセミが確実にくることがわかったので、飛び去ってからリモコンカメラをセットする。お気に入りの枝にカワセミが止ったときにセットしておいた広角ズームレンズで風景的な撮影ができるようにする。こちらはブラインドの中でお気に入りの枝に止まる姿を600ミリレンズでねらう魂胆だ。リモコンカメラと自分で扱うカメラの2本立て！　欲張りすぎて失敗をしやすいというが……やっぱりやってしまった。

待つこと1時間。カワセミがセットしてあるカメラの上に止まったではないか。「おいおいちゃんと定位置に行かんかい、NGやNG！」といったところで彼には通じない。こんなときは変わり身の早いオヤジの本領発揮で、ブラインドの中から自分のカメラの上に止まるカワセミを撮影。「偶然もチャンスに変える生き方が好きよ♪」と昔流行った某アニメソングを口ずさむ。ちなみにそのアニメのキメの台詞は「月に代わって○○○よ！」というやつだ。

そこはNG！

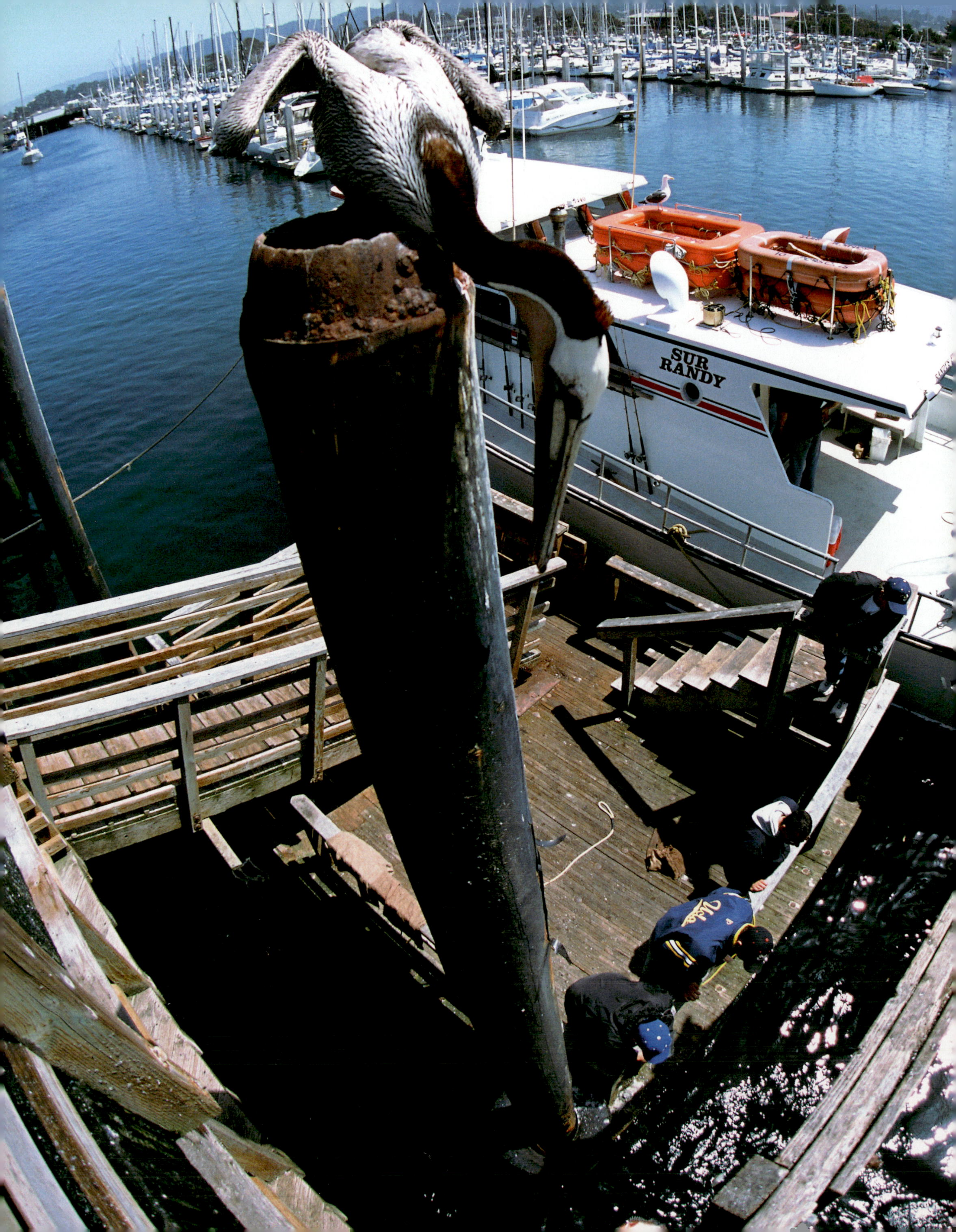
SUR
RANDY

鵜の目、鷹の目、ペリカンの目

　5月のアメリカ合衆国カリフォルニア州モントレーは午前中、海霧(うみぎり)が出ることが多いが、午後はウソのようにすっきりと晴れる。この日も午後から突き抜けるほどの青空が広がり、ホエールウォッチングをするにはぴったりの天気になった。船に乗るためにフィッシャーマンズワーフへやって来た。乗船手続きをするため事務所の前に行くと、あちらこちらの柱の上にカッショクペリカンが止まっている。彼らが止まる柱の周囲をたくさんの観光客が通り過ぎるが、まったく動じない。よほど人間に馴れているようだ。人間への興味も恐怖感もまるでないのんきなカッショクペリカンを見ると、やはり撮影をしないわけにはゆかないではないか！　まず中望遠のズームで撮影をした後、次は広角ズームに切り替えてズンズン近づく。それでもまったく動じない。「そうか、そうか」と顔がついついニヤけてしまう。それならばとフィッシュアイ(魚眼)レンズで撮影したいという欲望がメラメラと湧き上がる。フィッシュアイレンズは、一般の野鳥カメラマンはほとんど使わない特殊なレンズだが、野鳥や動物にガブリ寄りできるときには、その威力を発揮してくれる。被写体に近づきながらも周囲の環境を入れて撮影ができるし、レンズを傾けることで周囲を歪ませる効果があり、おもしろい表現ができるのだ。

　ガブリ寄って撮影する私を見て、アメリカ人の一般観光客が笑う。「う～ん、なんと心地がいいことか！　もっと笑って！」と心でニンマリしながら撮影を続けると、突然、カッショクペリカンが下を向き翼を動かした。しまった、近づきすぎたかと思ったが、また体勢を元に戻した。一瞬のぞき込んだ下を見ると、数人の人がいた。釣り人だろうか？　ここは大物が釣れるというので釣り船が多い場所でもある。

　帰国後、現像されたフィルムを見てその行動の意味がわかった。カッショクペリカンは、釣り人が棄てた魚に反応していたのだ。その証拠にこの写真には魚が写っている。「鵜の目、鷹の目」とはそれらの鳥が獲物をねらうときの鋭い目つきのことで、熱心に物を探すたとえだが、ペリカンもぜひ混ぜてほしいと文部科学省に言っても、無理だろうなぁ。だって日本にゃ野生のペリカンが生息してないもん。

47

青い空に青い海、白いビーチに白いベンチ、そしてベンチにたたずむクロアジサシ。この島の鳥たちは人間にいじめられていないので、かなり寄ることができる。それでも気分や個体によっては嫌がることもあるので、カメラを構えてゆっくりと近づいてゆく。6羽が仲良く並んでいる姿を撮りたいのだから1羽でも飛ばれてしまっては水の泡。無事に寄ることができ、シャッターを押す。あっという間にフイルム1本を使い切り、ふとわれに返る。「しまった、撮りすぎた！」。しかしこんなにもいいシーンにはなかなか逢えないので、ここからは慎重にシャッターを押すことに。この日以降、撮るつもりはなくてもこのベンチが気になりのぞいてみたが、6羽が仲良く並んでいる姿を見ることはなかった。

クロアジサシたちのベンチ

funny

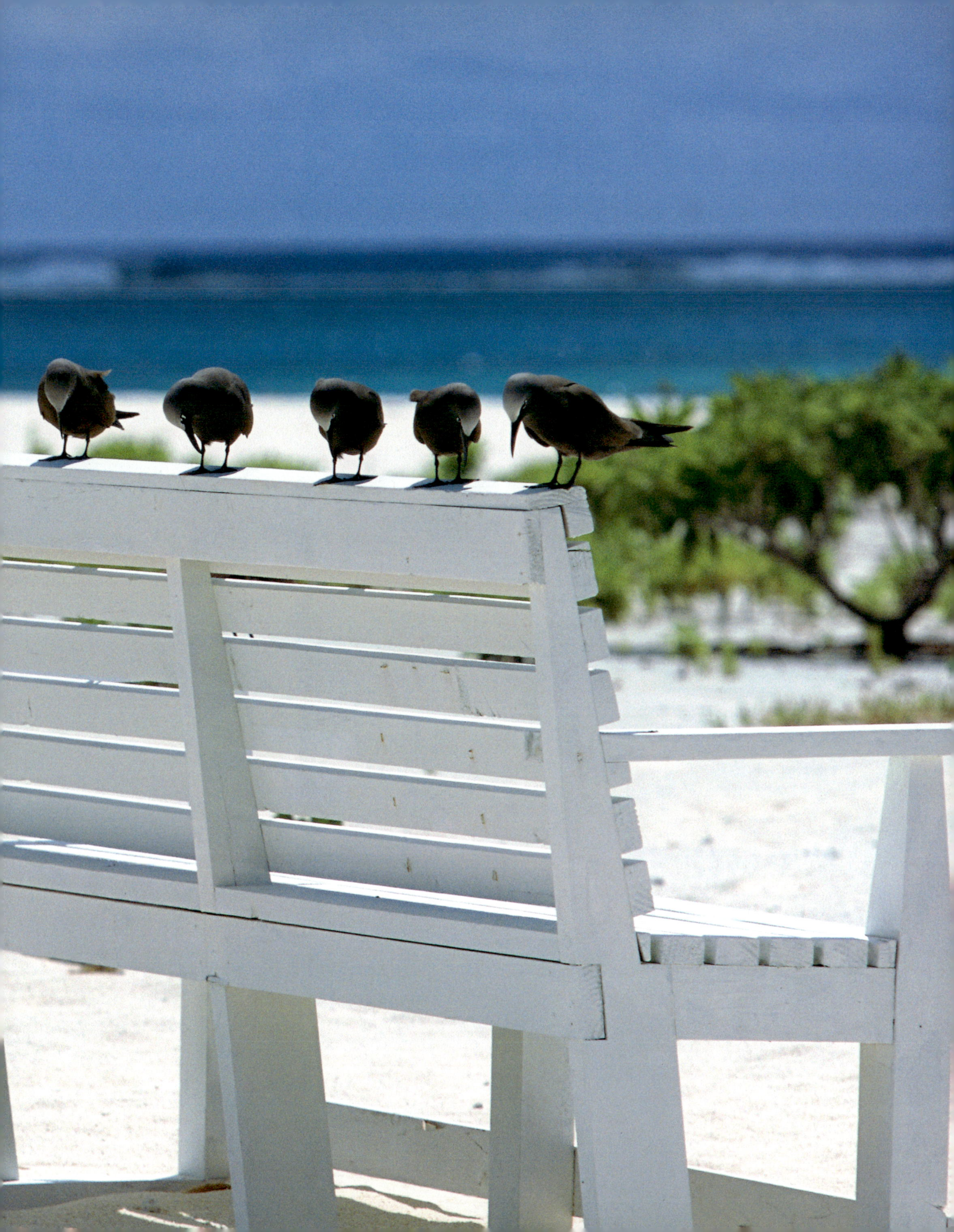

ミッドウェイ環礁。季節は6月。この時期は日差しがきつく、コアホウドリのヒナたちは暑さをしのごうと、少しでも日陰を見つけると体を隠すために集まってくる。このヒナはたまたまこの看板の作る陰を見つけてここに来ただけ。でも看板を読んでいるようでおもしろかったので、ついシャッターを切ってしまった。

続いて看板の説明。ミッドウェイでは毎年、同じ場所にアホウドリが現れるようになった。誘致できればとの思いから、驚かしたり人間が集まることでストレスを与えないため、道路の両脇に看板を立てその間をノンストップゾーン（立ち止まり禁止区域）としている。もちろんアホウドリのいない時期（非繁殖期）は解除される。

なんて書いてあるのかなぁ？

NO STOPPING ZONE ★★★★

to avoid disturbing the Short-tailed Albatross

お願いします！
アホウドリを
驚かさない
次の看板まで
止まらない で下さい

ウ ソ [

嘘ではありません。ほんとうにウソという鳥な〔…〕
秋から冬は平地にいますが、夏にはこのような〔…〕
の針葉樹林で繁殖します。

喉から胸にかけて赤いのがオスで、メスには〔…〕
ありません。

フィーフィーとかぼそい声で鳴きますが、シ〔…〕
芽をちゃっかりいただいたりするところを見〔…〕
外と図太い神経の持ち主でもあるようです。

funny

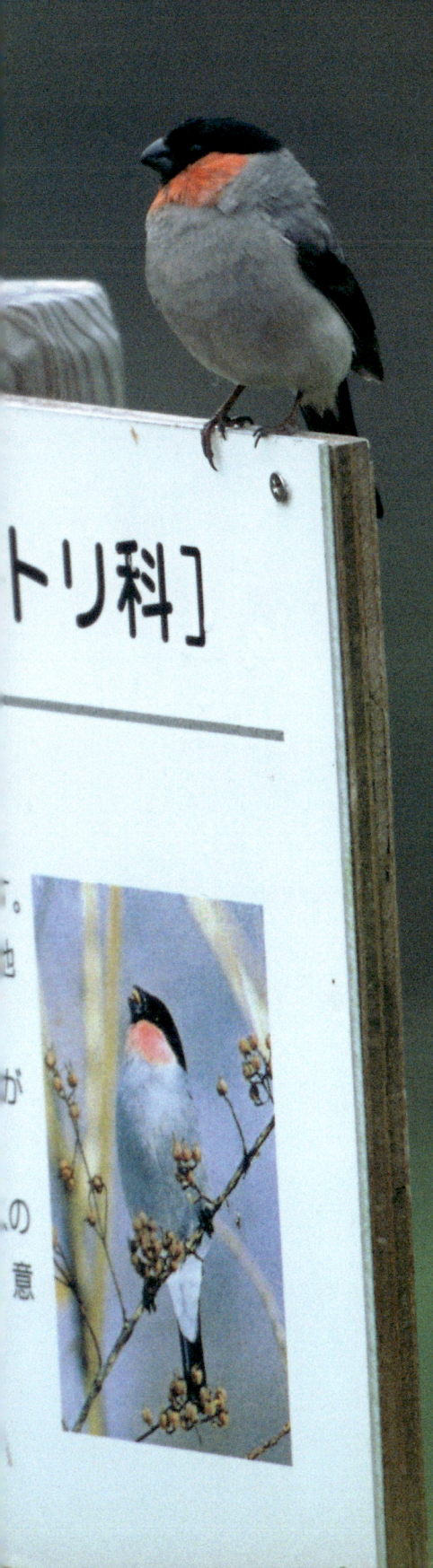

ヤラセじゃないのよ!

　この写真を見た友人から「これってヤラセ?」と聞かれることがある。そんなときニヤリとして「違うよ」と答えるのがとても心地よい。ヤラセとは要するに演出したか、しないかである。
　ここにはシマリスにヒマワリの種を与えてマスコットのように観光客に見せていた。いつの頃からか山からウソが降りて来て、シマリスの餌をくすねはじめた。そのうち噂になったのか?ウソの説明看板が立ち、時折この看板にウソが止まるという。早速「ウソの看板に止まるウソ。でもこれホント」などとオヤジギャグ120%の写真を撮ろうと出かけると、あっさりねらい通りの写真が撮れてしまった。さて、マジメ?な写真でもと思っていると、看板の奥にメスが止まった。えっ? 思わずシャッターを押す。なんとウソの看板にウソのオスとメスが止まっている、まったくウソのようなホントの写真が撮れてしまった。めでたし、めでたし。

鳥は普通、くちばしに水を貯めた後、上を向いて飲み込む。小鳥を飼っている人には常識。ちなみにハトは哺乳類と同じように頭を上げずにごくごくと飲める。

　正月2日。のんびりとしていればいいのに、貧乏性なので干拓地をうろついていると、水の張った畑に1羽のチュウヒ。車の窓枠にレンズを乗せてゆっくりと近づく。どうやら水を飲むのか、くちばしを水に近づけた。次の瞬間、顔を上げたチュウヒのくちばしから水が吐き出された（吐き出しているわけじゃないがそう見えた）。以前、トビが水を飲むのを見たことがあるが、そのときはくちばしから雫がこぼれ落ちる程度だった。「できればもう一度」との祈りが届いたか、再びくちばしを水につけた。顔を上げる瞬間、シャッターを連写。やった！　またしても見事に水を吹き出した。くちばしに貯められた水の量などたいしたことないだろうし、いったいどうやって写真に写るほどの水を入れていたのだろう。これはまるでシンガポールのマー・ライオンならぬ、マー・チュウヒだぞ。正月早々いい写真を撮ることができたのは、働き者のオヤジへのチュウヒからのお年玉かな？

マー・チュウヒ

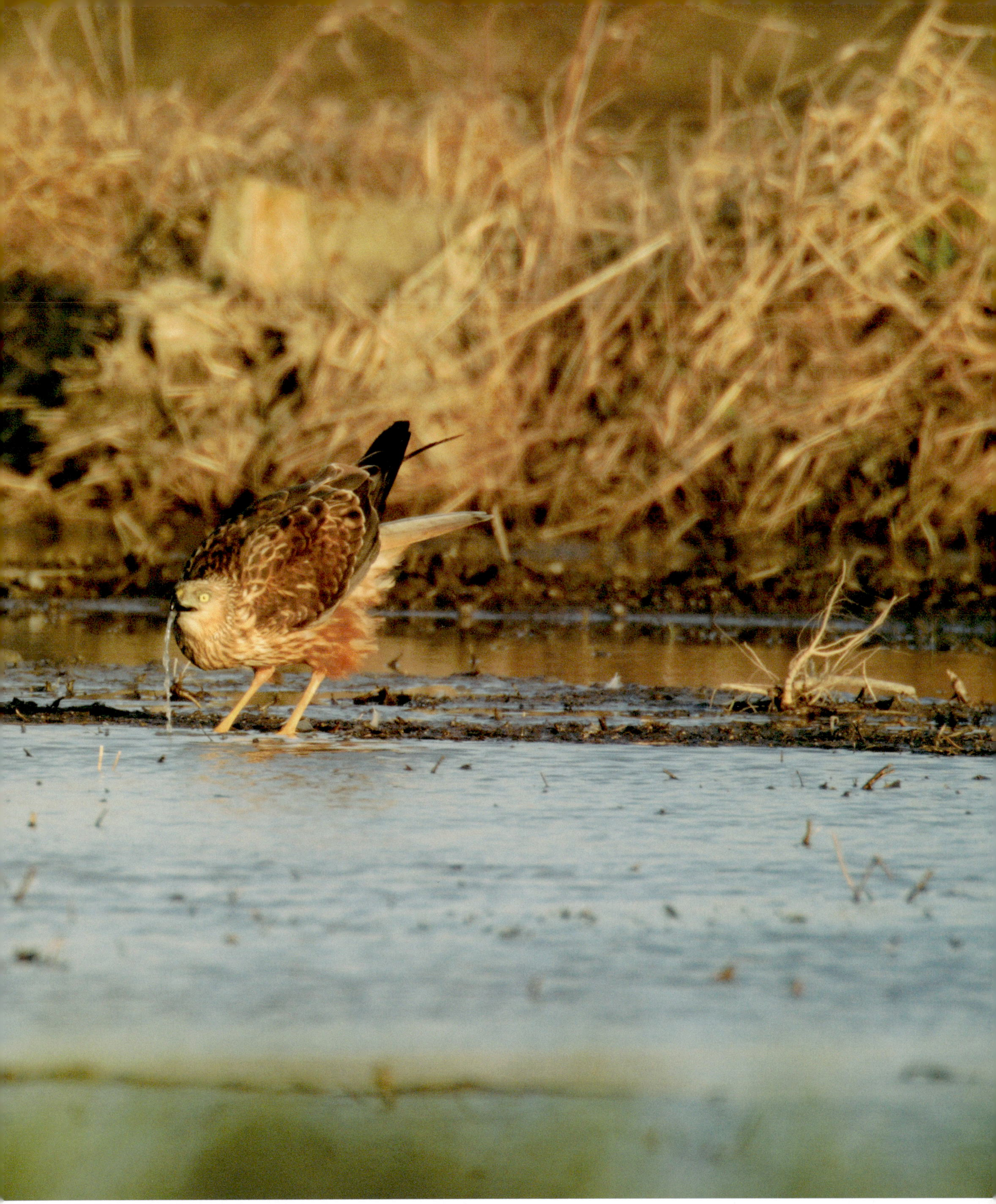

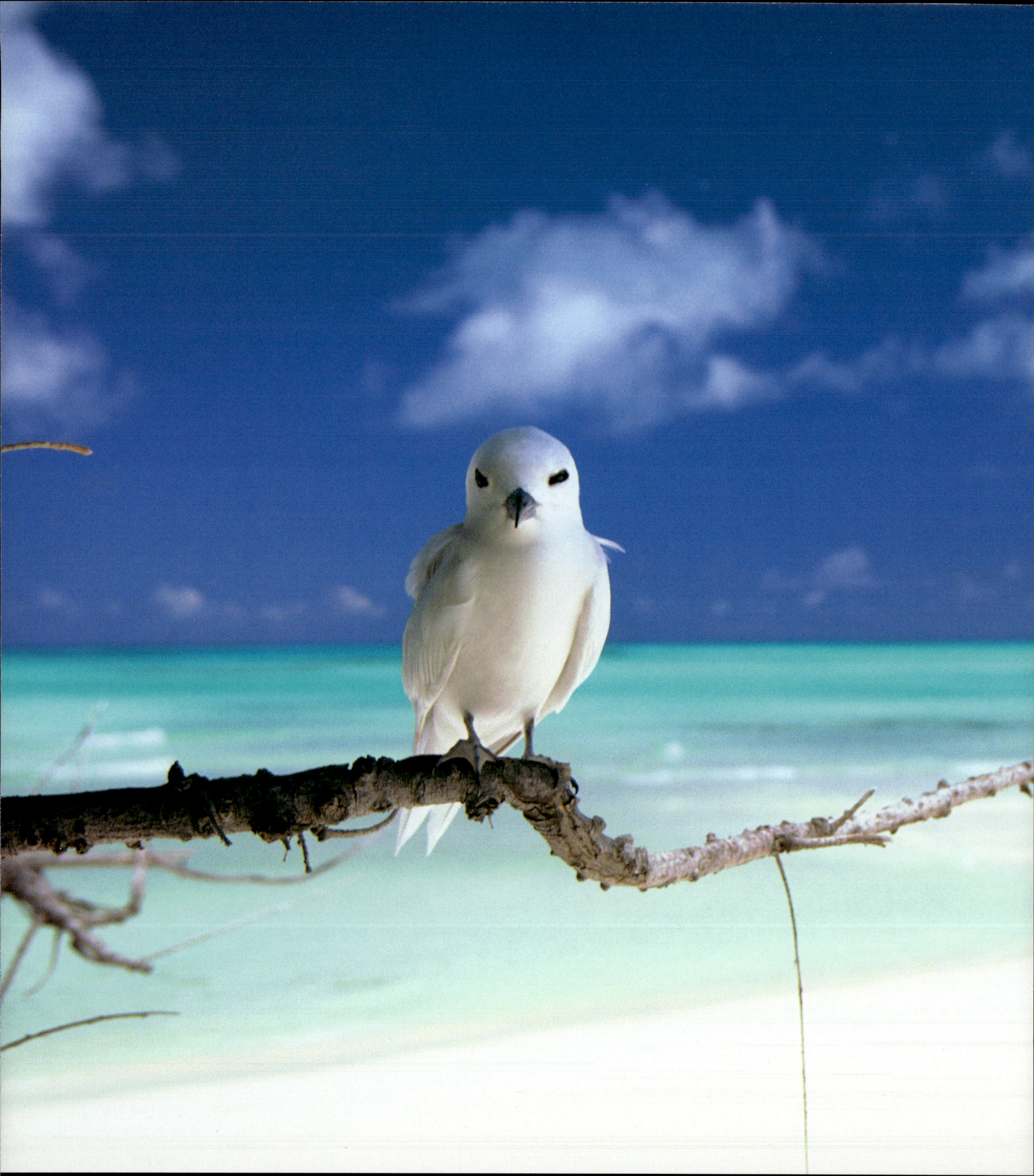

青い悲しみ

　シロアジサシは好奇心旺盛で、時々ホバリングでこちらを観察しに来たりする。しかしずぼらなのか、とんでもないところに卵を産んでヒナを孵す。斜めに生えた椰子の枝に卵を産み、失敗することもしばしば。

　ミッドウェイのビーチには、イルカ・リサーチ用のやぐらがナンヨウスギの樹に沿うように建てられていた。そのやぐらの柱の上にシロアジサシが卵を産み温めていた。彼女が卵を温め始めてから８日ほど過ぎたころ、やぐらに登り始めると途中のナンヨウスギの枝にシロアジサシが止まっていた。背景がとても美しかったので、梯子にしがみつき14ミリの超広角レンズをつけ、腕を伸ばして撮影を試みた。「これはおもしろいのが撮れたぞ！」と意気揚々でやぐらの上に立つと、シロアジサシがいない。卵もない。大急ぎで下に降りると……砂の上に割れた卵が一つ。何が原因だったのか？なんともしがたい思いでナンヨウスギを見上げると、シロアジサシがまだ枝に止まっている。現像されたフィルムはとても美しい仕上がりになっていたが、私には透き通るような青色が彼女の悲しみの色に思えてならなかった。

私は基本的には死にかけた生き物を保護しないことにしている。ただし数が少ない貴重な種類を別として（人間のエゴですね）。生き物はほかの命を取り込むことで、自分の命を維持している。だから必ず死を待つものの存在がある。私たちの介入で本来ご馳走にありつけるはずの生き物の喜びばかりか、命をも左右しかねない。

　どういうわけか、ダイサギの翼が釣り堀にはりめぐらされたテグスに引っかかっていた。直線的に張られた糸にどうやって引っかかったのか、私にはそのほうが不思議でならなかった。さすがに私有地、それも釣り堀。助けに行くこともできず、気になって翌日見に行くと、サギも引っかかっていたテグスもなくなっていた。

必殺仕事人の糸？

　6月の穏やかに晴れた日。久しぶりにフィールドの海岸線を眺めながら、堤防道路をゆっくりと進む。鳥たちの顔ぶれは、キアシシギ、チュウシャクシギの少数が汀線(ていせん)で餌を探したり、テトラポッドの上で休んでいる。海岸線コースの終点で、くちばしが折れた1羽のチュウシャクシギを見つけた。さてどうするか？　弱っていれば捕まえて保護するのだが、見た目にひどく衰弱をしている感じもない。何かをつつくような仕草もする。もしかしたら餌を捕っているのかもしれない。だがあのくちばしで餌が捕れるのか？　このチュウシャクシギは、いったいこの先どれほど生き延びることができるだろう。

折れた嘴

集団リンチ

「ミコアイサの入る池の水が抜かれている」と聞き見に行くことに。池に着くと確かに水がほとんどなくなり、大きなコイやフナの死体が地面に転がっていた。それらを食べにハシブトガラスが集まっていると思っていたが、カラスの群れは固まって何かをつついている。カラスのつついていたのはカラス。集団リンチのようだ。辺りを取り囲むカラスの数はざっと50羽。どうなっているのか気になったので池に入り群れに近づくと、黒い塊はけたたましく騒ぎながら宙に舞い上がり、私を威嚇する。つつかれていたカラスはまだ生きていて、かすかに口を震わせていた。数羽のカラスが私の頭上を飛び交う。あまり気持ちはよくないし、やはり少し恐い。数カット撮影して退散。

とんだ戦利品

パラオ共和国のカープ島という星型の島を訪れたときのこと。お客さんがジャングルに向かうと必ず先導してくれ、撮影するときには立ち止まって待っていてくれる、とても頭のいい、通称ジャングル案内犬がいた。この犬、ありがたい存在だが鳥が逃げるのだ。ジャングルをあと300メートルで抜けるという所で突然、犬が猛ダッシュで茂みに飛び込んだ。しばらく待っているとガサガサと近づいて来る。出てきた犬の口には、なんとツカツクリ。そして犬は誇らしげにこちらを見ている。参ったなぁ……。ツカツクリをぶら下げてロッジに戻りスタッフに手渡すと、うれしそうに持っていった。「今晩のご馳走ということか」。私的には生きている姿を撮影したかった。

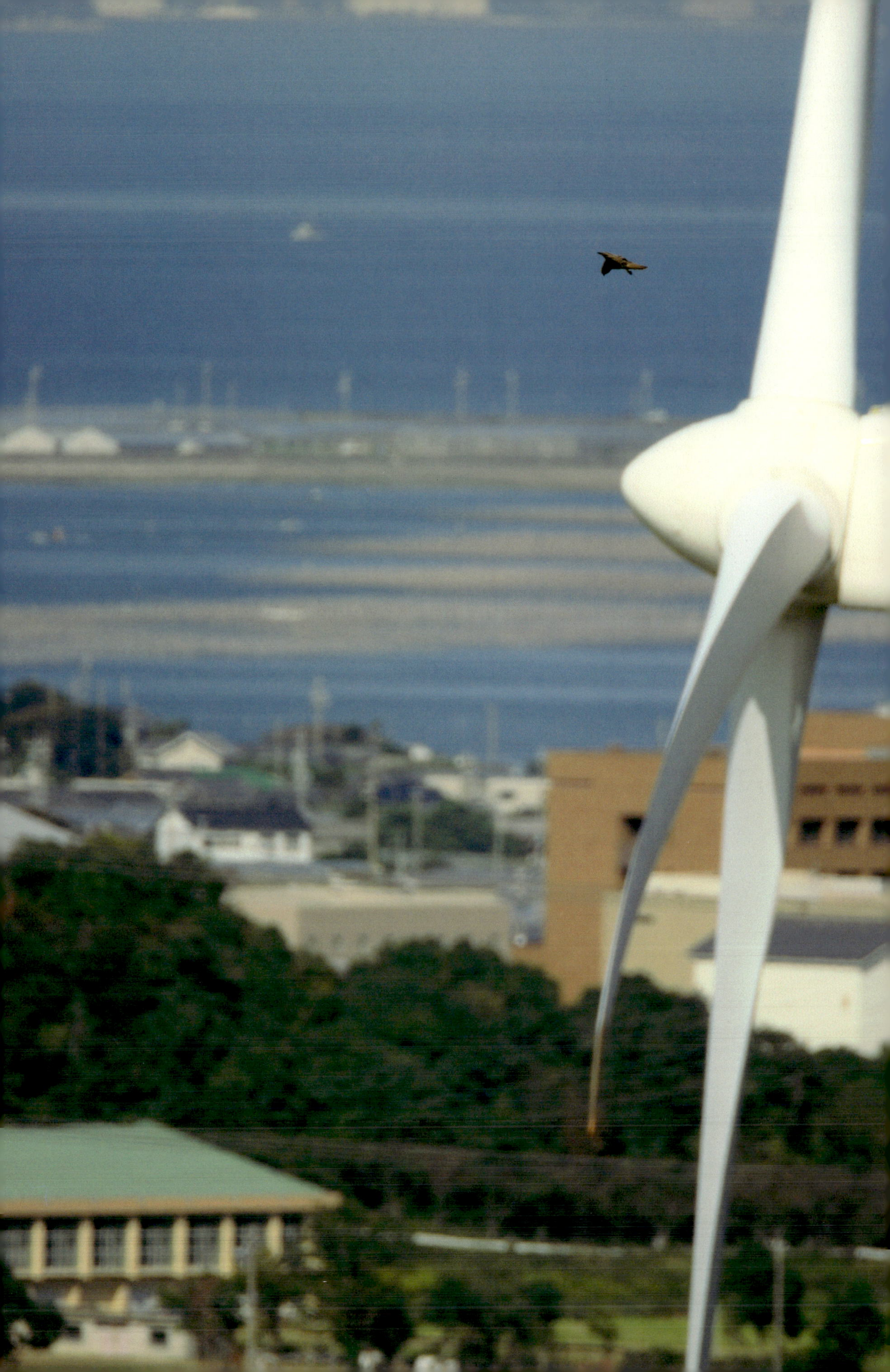

やられてたまるか！

　石油に代わるクリーンエネルギーということで、日本中に風力発電用の風車が建設され始めた。政府や業界からは100点満点の問題なしのクリーンエネルギーだし、石油と違って海外から輸入もしなくていいから丸儲けのような説明がなされ「なるほどなぁ」とうっかり者の私は納得していた。しかし、しばらくすると北海道で風車のブレードにオジロワシがぶつかり死んでいるというウワサが。以前からバードストライクが問題にされていたが、一般の人たちにはそのような情報はほとんど伝わらないのだろう。

　さて気がついたら私の地元、愛知県渥美半島にもポコポコと風車が建ち始めた。それも秋、タカ類の渡りのシーズンに建ち始めたのだ。この風車ができるシーンを見るチャンスに恵まれたのだが、あっという間にできてしまうからびっくりだ。特にクレーンで吊り上げられたブレードが本体に取りつけられるシーンは、ちょっとした感動ものである。同じ場所に居合わせたカメラマン約10名全員が、その瞬間の写真を撮っていた（あんなもの作って邪魔くさいと怒っていたくせに）。

　できてしまったものは仕方がないが、さてここを渡っていく野鳥たちに影響はないのだろうか？　愛知県伊良湖岬といえば、サシバやハチクマなどの渡りスポットとして有名だが、その何万倍もの小鳥も渡っていく。はっきり調べてないのでよくわからないが、小鳥がブレードに当たった場合、どうなってしまうのか。バラバラ？　それともどこか遠くに跳ね飛ばされる？　オジロワシと違い体が小さいのでほとんど被害はない？　いろいろな疑問が浮かんでくる。しかし答えはどこにもない。風向きにもよるが、タカがカメラマンたちがいちばん撮りやすいコースを飛ぶ場合、この風車が背景に写るのでうっとうしいと不評である。しかしこの風車周辺では、しばしばノスリが探餌飛翔する姿が観察され、ぶつからないか気になっている。未だそのようなシーンに出くわしていないが、ノスリからは「そんな簡単にやられてたまるか！」という声が聞こえてきそうだ。

　さてこの大きな風車、発電はするけれど建設費用や何やらで、結局は元が取れずに老朽化するとか？　はたまたカミナリで壊れたり、調査が不十分で風が吹かない場所に建ててしまったり……。これってやっぱり税金なのかなぁ。死んでいったオジロワシにたちに合掌しながら、そんなことを考えてしまう。

my life

妖怪のジャンプ

　太陽が昇り、湿気た川面に赤い光が差し込みファンタジックな世界を楽しませてくれる。しかしそこからが地獄の始まりだ。時を刻むごとにブラインドの中の温度は上がりサウナと化す。
　ササゴイは川底に敷き詰められたブロックの上を移動しながら、餌となる魚をねらう。その動きといったらなんともおもしろい。この顔つき、忍者というより妖怪だ。ブロックの上に止まり、いったん水面をのぞき込むと微動だにしない。ここで水中に首をつっ込み魚を捕ることもあるが、ダメだと思うとブロックとブロックの間をヒョイヒョイとまたぎながら早足に移動する。そのうちこちらに向かってジャンプし始めたので急いでシャッターを切る。少々ブレているが、何とか撮ることができた。

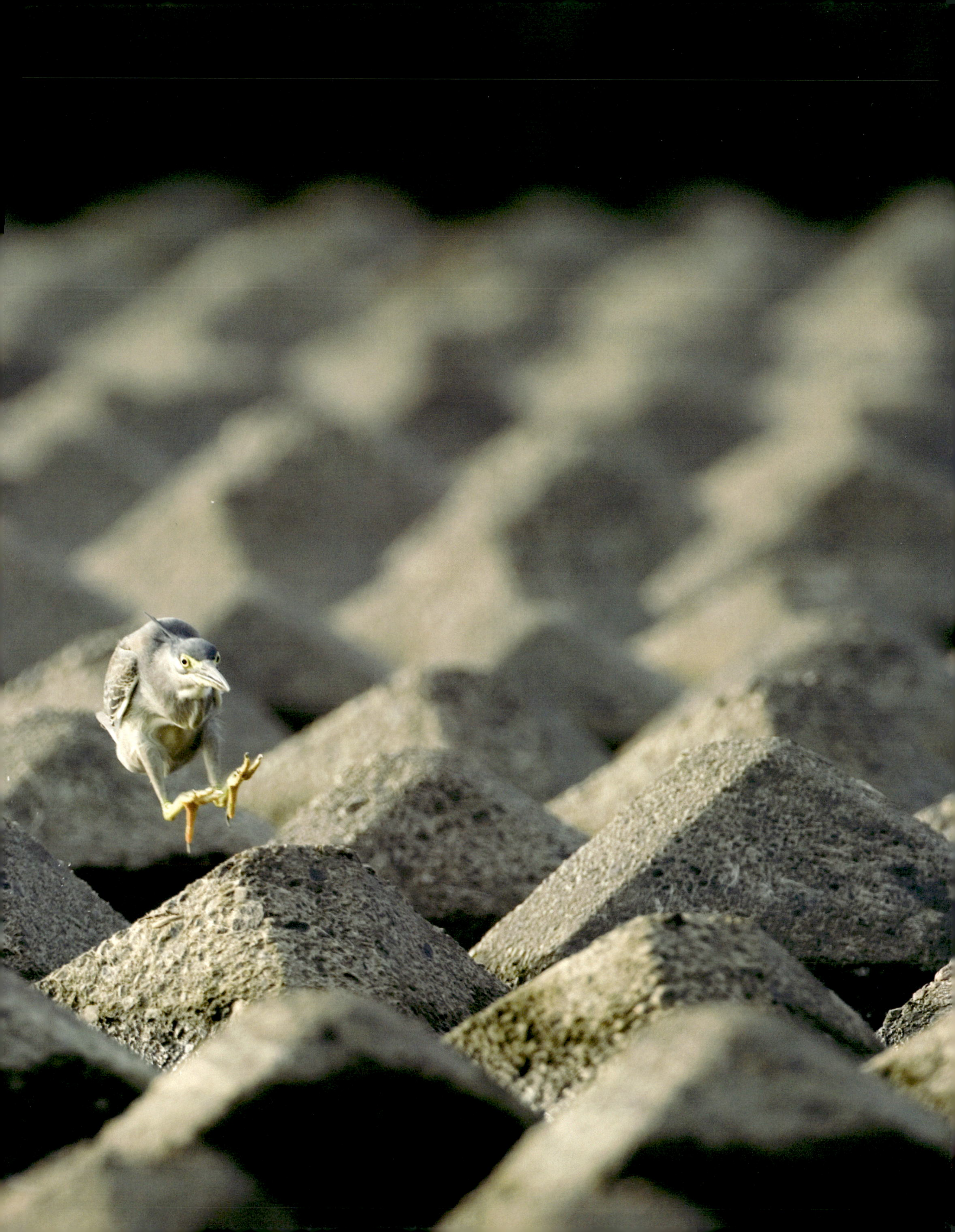

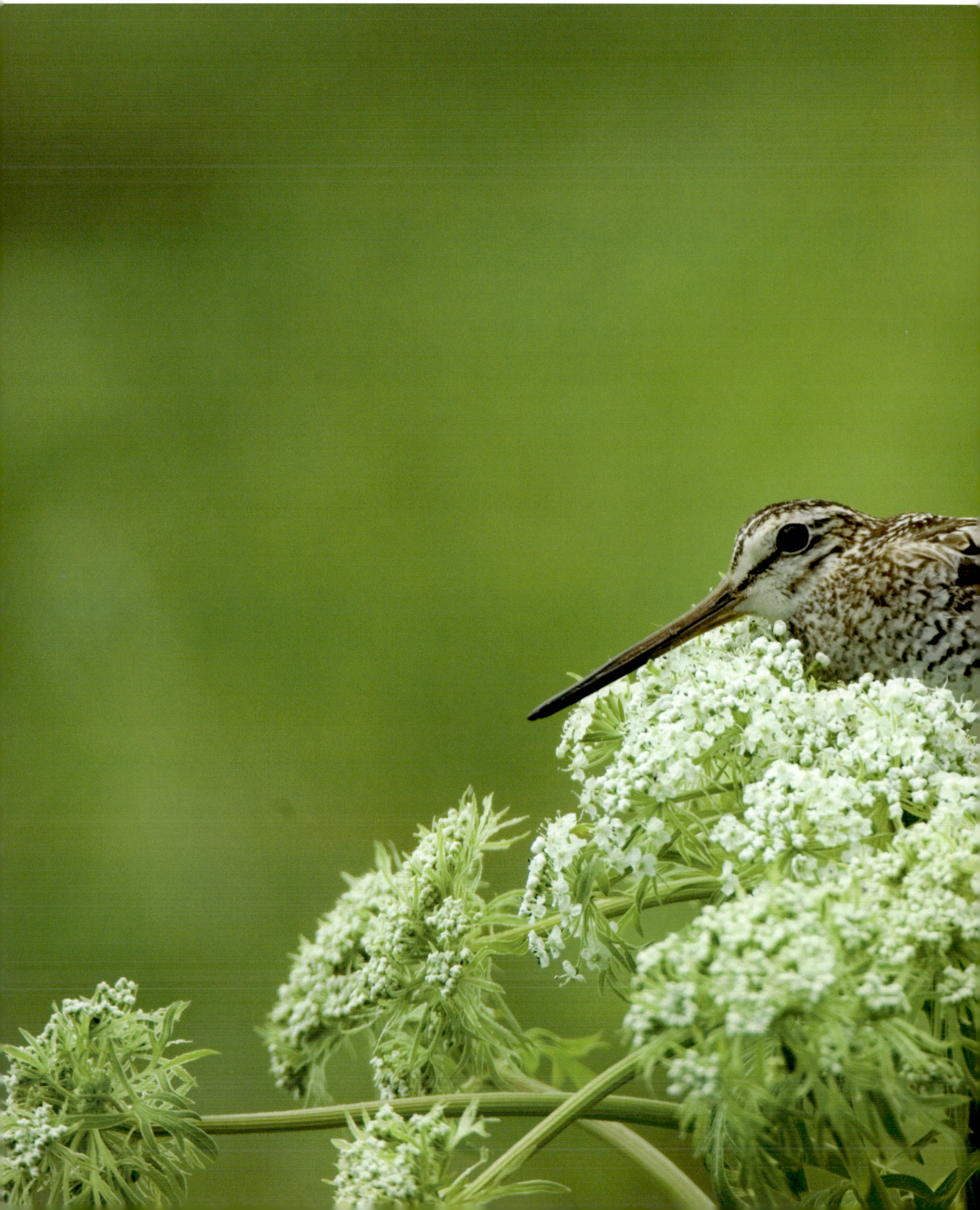

お花好き

6〜7月にかけて北海道の原生花園は花の競演となり、たくさんの人を惹きつける。そんな原生花園は野鳥たちも惹きつける。もちろん野鳥は繁殖のためにやって来る。

ハナウドの仲間の花の上にオオジシギが乗っている。小鳥ならわかるがあの大きさ（全長30センチ）の鳥が"ちょこん"と花の上に止まっているのには驚いた。花の上で「ジージーツプジー」とさえずったかと思うと、しばらくするとウトウトしはじめた。よほど花の上は心地がよいのだろう。

今までは牧柵の杭や電柱など、周辺の植生よりも高い位置で止まっている姿をよく見ることはあったが、ここでは花の上に止まるオオジシギのほうが多いようだ。

my life

my life

　死んだ親父が酔っ払うとよく「カモメ〜の水兵さん♪」と上機嫌で唄っていたが、この先の歌詞がイマイチ記憶から抜け落ちている。たぶんその先はいい加減な鼻歌か、毎回いい加減な歌詞をつけていたに違いない。子ども心に「なんでカモメが水兵なんだろう？」と疑問を持っていた。子どものころにカモメを見ることがなかったので、余計にそう思っていたのかもしれない。

　子どものころ、身近にいた鳥といえばスズメ、カラス、ドバト、ニワトリ、手乗り文鳥くらい。もう少し大きくなるとカモメがセーラー服を着ている絵を見ることがあり、「あぁ、なるほど」と妙に納得したものである（だいたい野鳥がセーラー服なんか着ているわけがないのに……ウルトラマンやゴジラは巨大だから実在しないが、等身大の仮面ライダーは実在すると思う純真な少年だったので笑って許してほしい）。

　アメリカ合衆国カリフォルニア州のモスランディングという小さな港町に、ラッコの撮影に出かけたときのこと。ラッコのガイドが操舵するゾディアック（エンジン付き高性能ゴムボート）に乗り込み、ラッコを探して河口から上流を行ったり来たりして撮影する。しかしここがまた野鳥のパラダイスといわんばかりに野鳥が多い！　特にカモメ類は空を覆い尽くすほど群れ飛び、いかにこの土地が野鳥たちにとって安全で食物が豊富にあるのかがわかる。そんな場所だからペリカンが上空を飛べばシャッターを押し、干潟の草地にシギ・チドリ類がいれば寄せてもらい写真を撮っていたので、すっかりガイドにあきれられてしまった。途中、水中に立つポールの先端に止まるカモメを見つけた。片足を金属のふたに足をかけているように見えるカモメの姿に「ビビビビッ」ときたので、船がポール横を通過するときに思わずシャッターを押した。隣の友人が「なに、撮ってるの？」と聞くのでカメラのモニターを見せ「ほら、カモメの水兵さん」と答えるとあきれ顔で笑われた。でも船乗りがボラード（係船柱）に足を乗っけているように見えるけれど、どう？見えるよねぇ。

　今まではあまり好んでカモメの仲間は被写体に選ぶことがなかった。その理由は種類がよくわからないし、どうもカモメには悪いのだが性格が悪いように感じるからかもしれない。これってものすごい偏見ですよね。でもおもしろいと感じれば、カモメだろうがカラスだろうが何でも撮影するのさ！

カモメの水兵さん

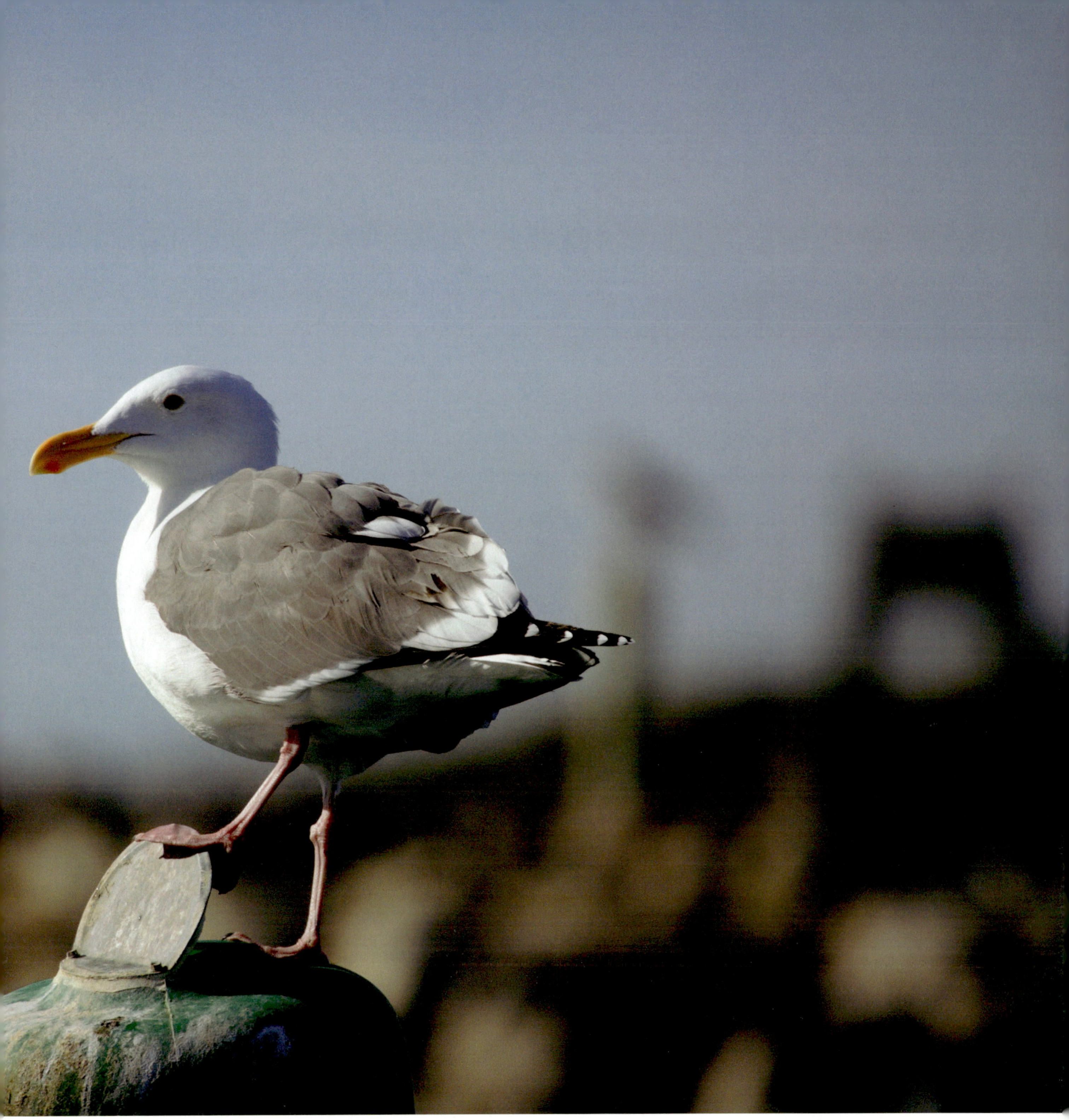

my life

氷のブローチ

　北海道は霧多布近くの港を、海ガモを探してうろついていた。気温はマイナス20度以下。車のヒーターが効かず、窓ガラスが内側から凍っていた。港は結氷をしていないが、そこらじゅうに大きな氷の塊が浮いている。
　カモを探し移動をしていると、車のすぐ下で1羽のクロガモが休んでいた。シャッター音に気づき、ゆっくりとさも迷惑そうに泳ぎだした。その背中には、氷の塊がまるで飾りのようについている。潜水をくり返しているうちに、水玉があまりの冷気に羽根の上で固まってしまったのだろう。何となく、氷のブローチのように見えた。

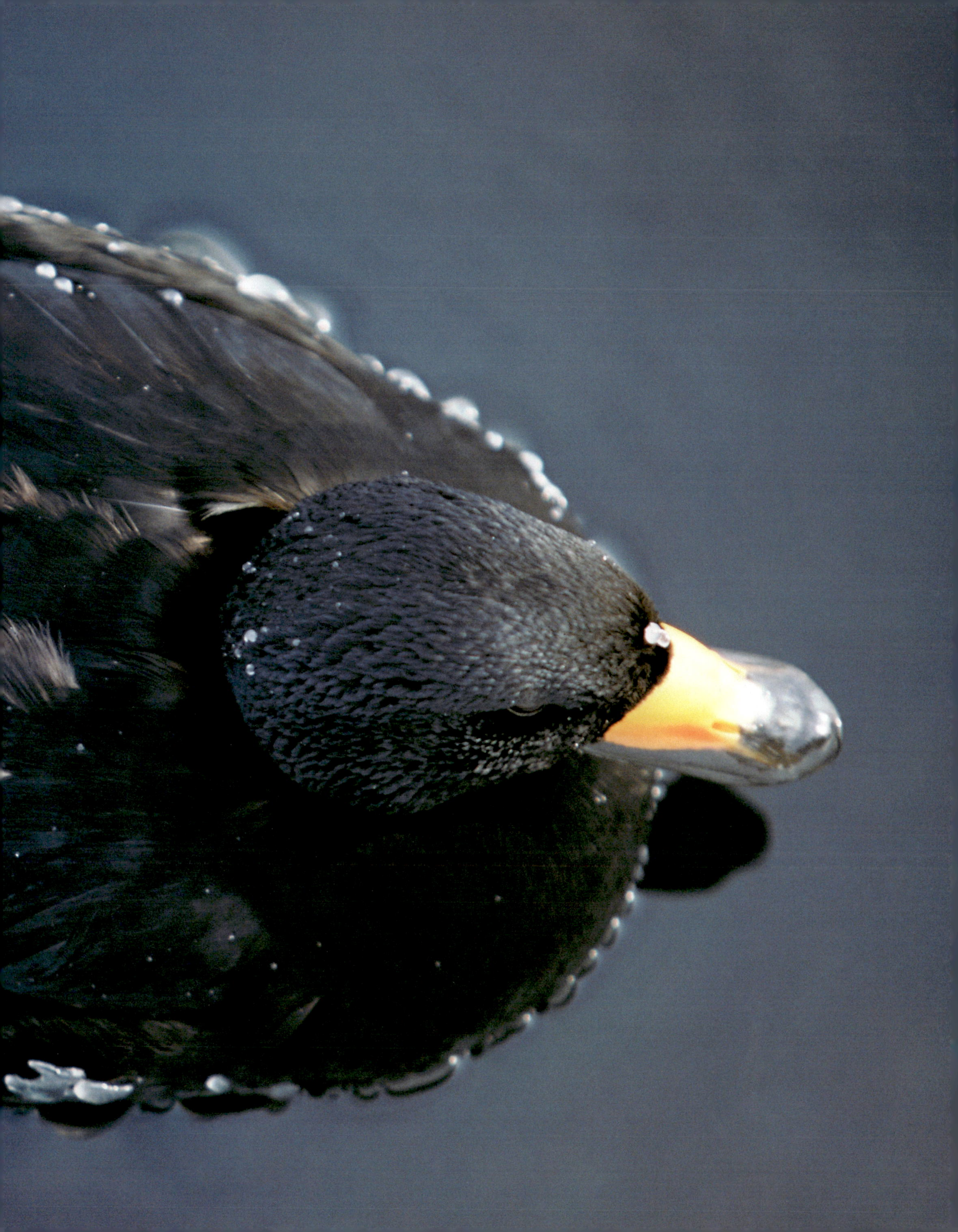

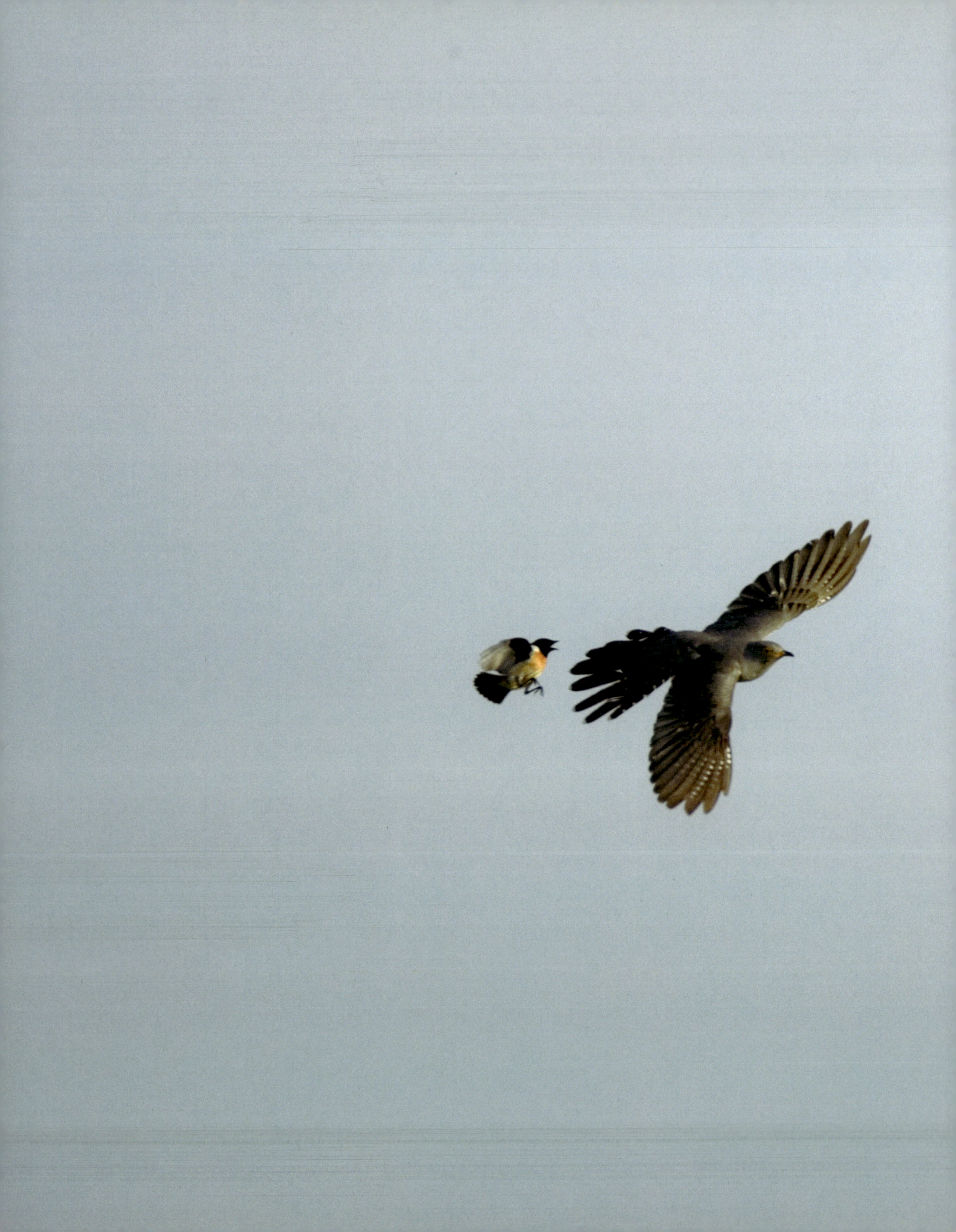

my life

スクランブルキック

ノビタキがたくさん繁殖をしている原生花園にはカッコウも多い。ノビタキにとってこれほど厄介で忌々しい鳥はいないだろうし、カッコウにとってノビタキは大事な里親として、多ければ多いほどありがたいのだろう。あちこちからノビタキにとっては悪魔のラブソング「カッコウ、カッコウ」が聞こえてくる。

そんな中、1羽のノビタキのオスがものすごい勢いで飛んでいたカッコウに襲いかかった。カッコウはただ逃げるのみ……。よく見るとノビタキの巣の近くにカッコウが来ると、スクランブルをかけている様子。カッコウも子孫を残すために必死なのだろうが、自分で子育てしたほうが繁殖成功率は高そうな気がするのは、私だけ？

my life

北海道中が大荒れのとんでもない天気の中、どういうわけか摩周湖と屈斜路湖を含む地域だけが晴れ上がった。北から吹きつける風は、台風並みの強さだった。こんな強風の日は、人も野鳥も風を避けて休息となるのだが、この日のオオハクチョウたちは違っていた。どう考えたって沖に向かったところで餌はないし、ものすごい波しぶきが襲いかかってくるのだが、なぜかその波に立ち向かうように進んでいき、ある程度行くと戻ってくる。どう考えても遊んでいるようにしか見えない。オオハクチョウも、時には遊びたい気分になるのだろうか。波にぶつかりながら進んでいく気分はどんな感じ？　たぶん楽しいんだろうなぁ。

波に向かって

"たまご"じゃないよ

　養鶏場から卵を盗んで飛び去るハシブトガラスを見たことがある。割れないようにくわえて飛ぶカラスの微妙なくちばし加減は、すごいものだと思っていた。ほかの鳥たちの巣から卵を盗むことも多く、被害にあったことのある鳥たちから攻撃を受ける光景もたびたび見かける。ほかにも光物が好きで集めるという。

　寒風吹き荒れる根室市納沙布岬、天気はいいのだが風が強く、あまりの寒さに意識が朦朧となりかけたときだった。足元を黒い影が通過。なんだろうと見てみると、ハシブトガラスが白くて丸い物をくわえている。こんな時期に卵？と思いカメラを向けてピントを合わせると、ゴルフボールだった。光物を集めると書いたが知人に問い合わせたところ、ゴルフボールも彼らのお宝リストに入っているそうだ。彼らにとって白いゴルフボールは、おいしい卵のレプリカなのだろうか？

my life

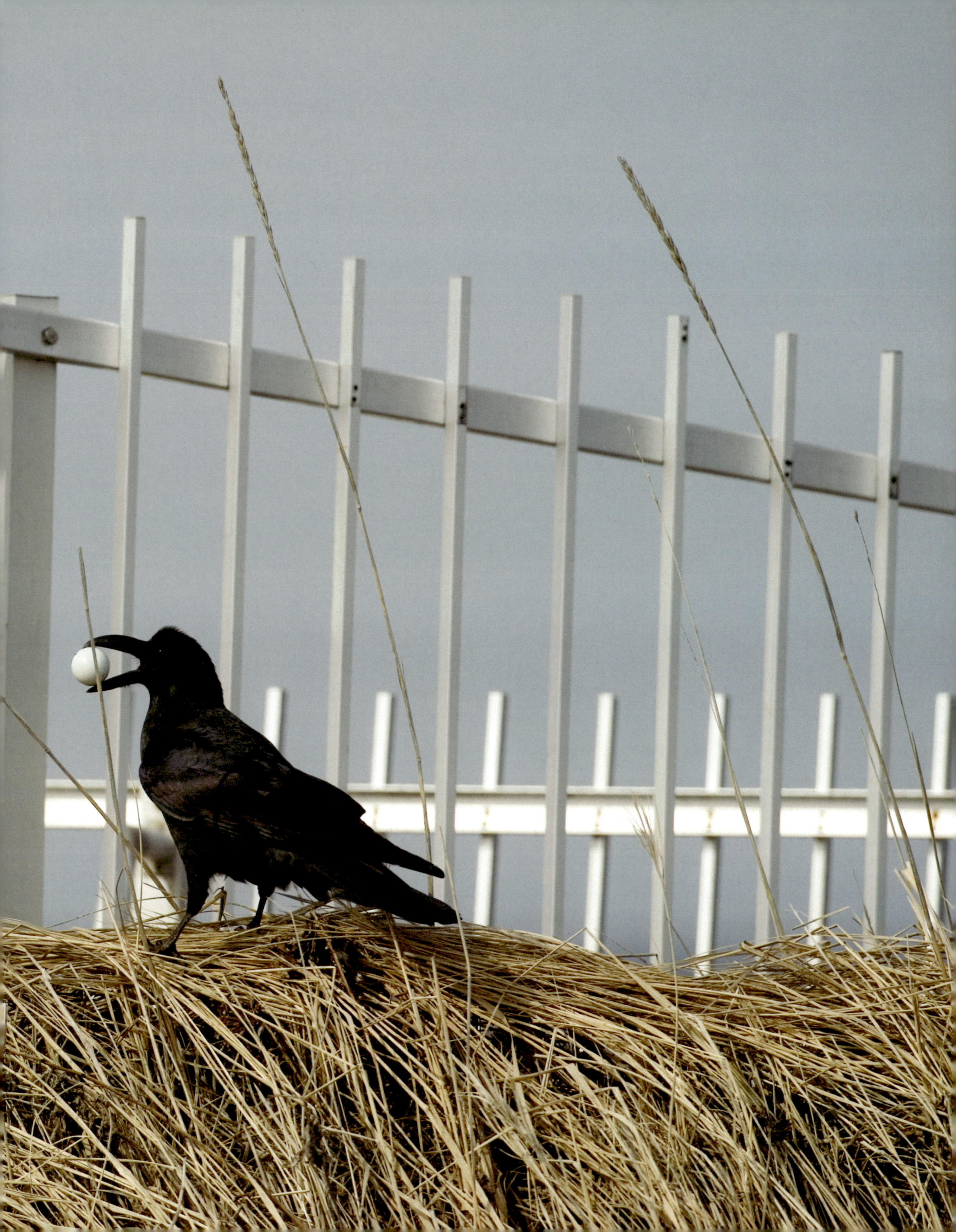

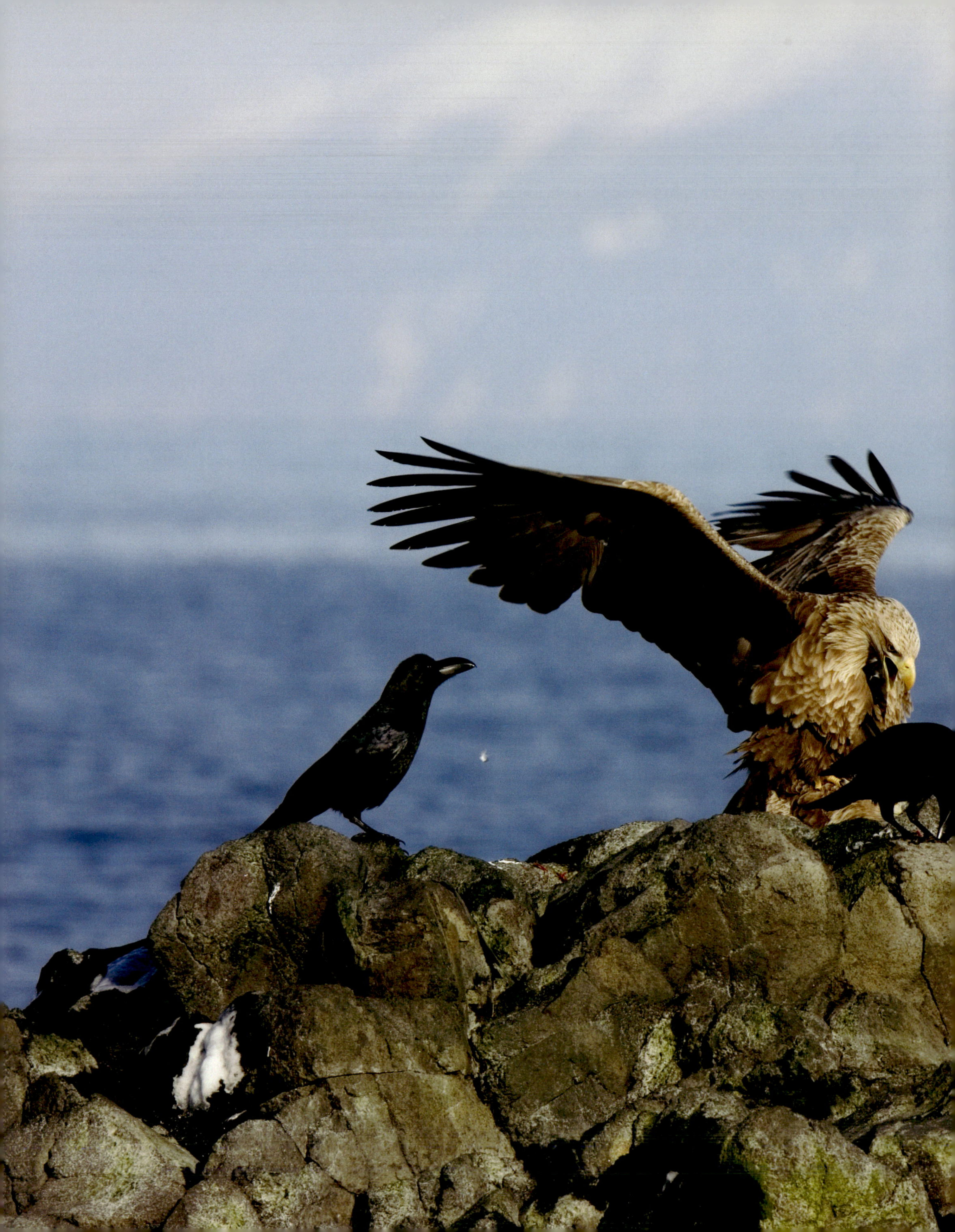

生きたモザイク?

海上に突き出した岩の上に、ペアのオジロワシを見つけた。しばらく見ているとオスが飛び上がり、やさしくメスの上に乗った。そのまま2羽は鳴き合い、翼をばたつかせ交尾を始めた。震える手でシャッターを押す。しかし3カット目に、なんとハシブトガラスがいちばんいい所に現れ、餌を食べ出した。「バカ!邪魔だ!どけ!」と叫んだところでヤツには届かない。それなのに交尾が終わるとさっさと移動して……。忌々(いまいま)しいカラスめ! 悔しい思いをしたものの、夜、パソコンで画像を確認すると、どうもオジロワシがちょうど合体している場所を、カラスが黒いモザイクのように隠しているように見えるではないか。「これって……使えるじゃん!」。オヤジは転んでもタダでは起きないのだ。

my life

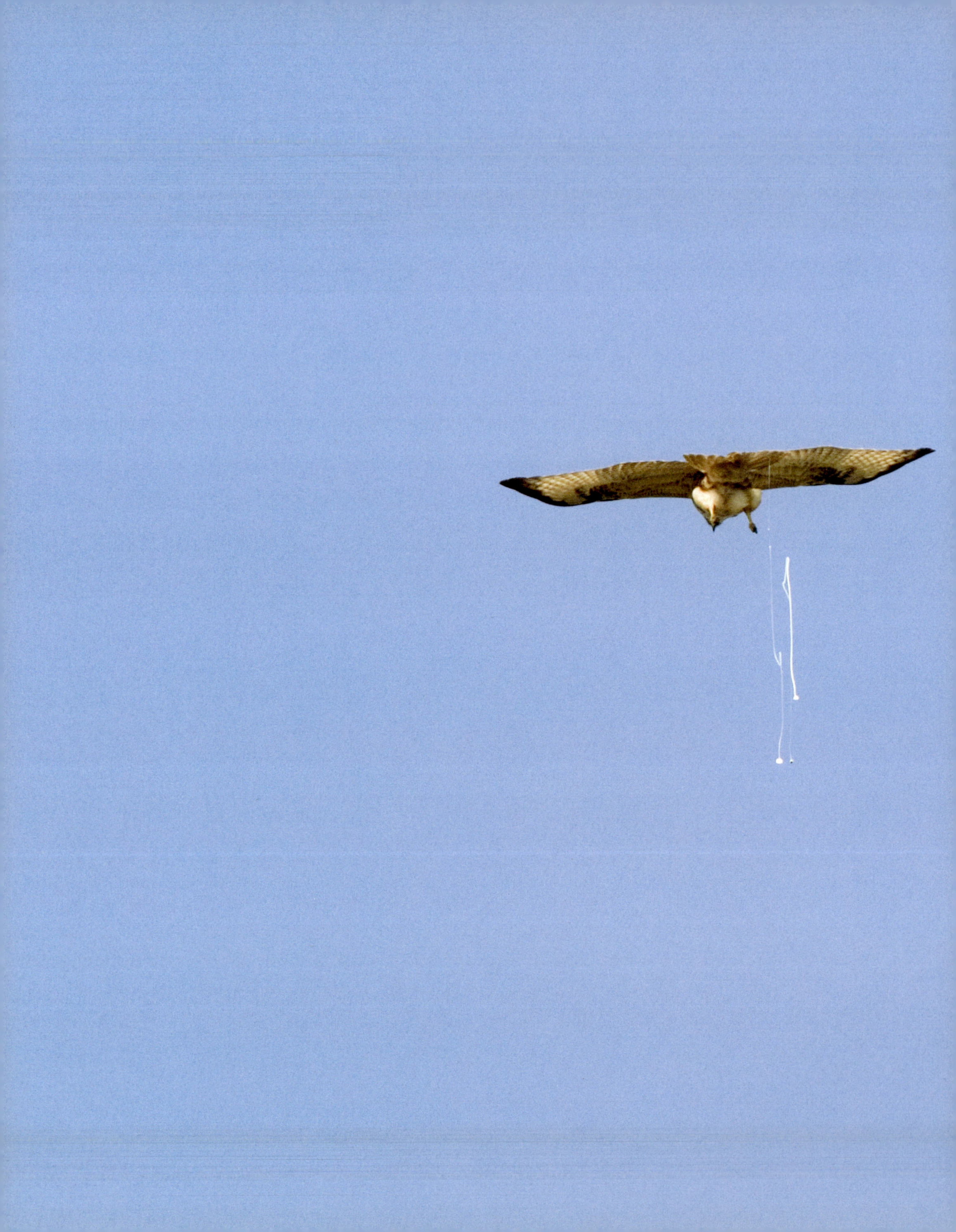

my life

脱糞だぁ〜

　止まっている猛禽類の脱糞シーンを見たことはあるだろうか？　体を若干前傾にして尻を上げ、勢いよく「ピュッ」としてのける。しかしそれが飛行中にも行われるのだが、観察したことがある人はそんなに多くあるまい。

　飛翔中のタカの脱糞スタイルは、まずはばたきを止めて滑空スタイルになる。おもむろに足を前に出した後に「ピュッ」と糞をする。若干、尾を上げているようにも見える。実に上手にやってのける。ここで気になるのは、彼らが排出した糞は重力により地面に落ちるという事実。

　愛知県伊良湖岬周辺では、多い日には1日に3,000羽ものタカたちが飛び去って行くのだから、この糞爆弾の被害に誰かが遭っていてもおかしくない。もしもはるか高空から降り注ぐタカの糞に見舞われたのなら、それはもう宝くじに当たるよりもすごい確率で"運がついた"ことになる。でも正直、タカがたくさん渡る日には当たりたいけれど、タカのウンチには当りたくねぇなぁ。

心の西表島

西表島に行ったらどうしても見たいものがあり、できれば撮影したい風景があった。それは水牛の背に乗るアマサギの姿。どうということはないのだが、人それぞれにその土地に対する思い込みの風景があると思う。私にとっての西表島のイメージは、まさにこの光景。のんびりとした湿気の多いアジア風の牧歌的な雰囲気が、とても好きなのだ。

my life

1.4倍のエクステンダーをつけ、オオワシの顔アップに挑戦。すごい！フレームいっぱいになるオオワシの顔は、本当に美しくかっこいい。迫力満点の瞬間を興奮しながら連写する。正面を向いたオオワシが上を向いた一瞬、無意識に1カットだけシャッターを押してしまった。モニターで確認すると「ぷぷぷっ……なんじゃこりゃ」。オオワシってこんなふうにも見えるのか。鳥の王者もこのへんてこな顔じゃ形無しだな。オオワシに「お前だけには言われたくない」と言われそうだけれど。

へんなかお

my life

鉄筋住宅

　正直、初めて電線に止まるオシドリを見たときは、わが目を疑った。今から8年ほど前になる。なぜ電線にオシドリが止まっているのか不思議でならなかった。しかし偶然、電線から飛び立ったオシドリが電線の隣にあるアーチ橋の小さな穴に飛び込んだ。橋の水抜き穴を巣穴にしていたのだ。オシドリはカモの仲間だが、地上ではなく樹の洞で繁殖する習性がある。オシドリたちも住宅難なのか？　それとも近代化？

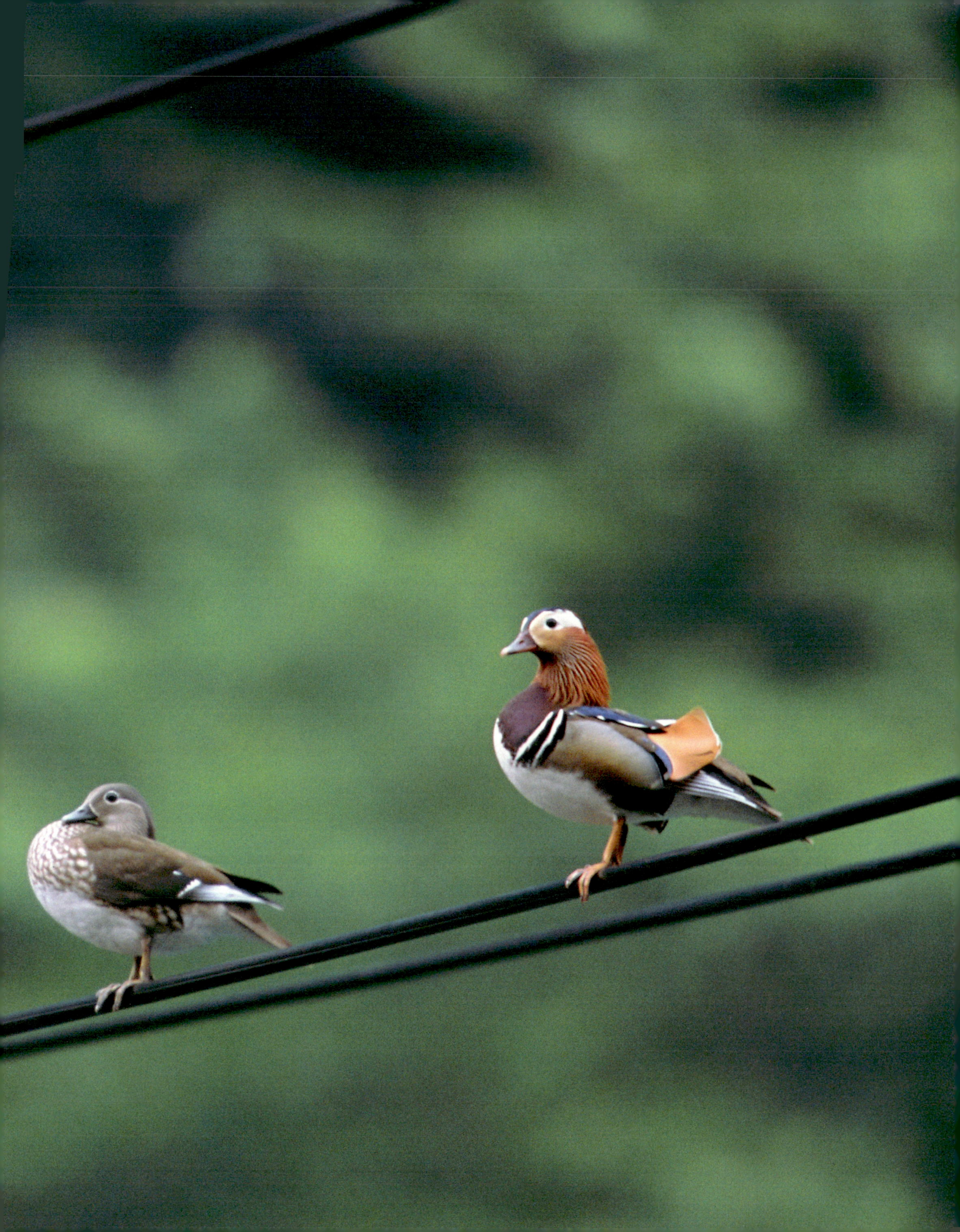

my life

　残暑厳しい9月上旬、シギ・チドリ類の渡りが始まり、三河湾沿岸およびその周辺の田畑に姿を現す季節となった。とんでもない珍しいお客さんでも渡ってきていて、第一発見者になればヒーローになれるのだが、チョー暑がりで人の3倍は汗をかく私としては、日中はどうしても足が進まない。もちろん20数年前の一色塩田跡の黄金時代なら無理にでも鳥たちの姿を探し、彷徨ったのだろうが……。塩田跡の大半も埋め立てられたせいか、近ごろめっきりと鳥の数が減ってしまった。それでもまだ少数ではあるが鳥たちが渡ってくるし、珍しいお客さんも立ち寄ってくれることもあるので、暇になってくるとついつい出かけてしまう。もちろん暑がりの私だから、動くのは涼しい朝夕に限られる。

　この日も夕方4時ごろ、狭い水路と畑の間の道をゆっくりと流してゆくと、水の少なくなった水路周辺にハマシギ、イソシギ、ムナグロ、コチドリ、クサシギ、トウネンの姿が。しかし、横向きアップの図鑑写真ではおもしろくない。せめて周辺にきれいな草が生えていれば、できれば花なんか咲いていればなどと想像したところで、現実は変えられない。

　そんなことを考えながら車をゆっくり進めると、畑の中央で何かがいっせいに動き出した。何だ？車を止めて双眼鏡をのぞくと、畑の中にできた小さな穴ぽこからシロチドリの頭や顔が出ているのが見える。穴の形状を見ると、どうも農作業でできた穴のようだ。シロチドリたちは、畑にできた穴ぽこの中で休息していたのだ。その昔、自衛官時代に演習場でせっせとこさえた"たこつぼ"を思い出してしまった。シロチドリたちには銃弾や砲弾は飛んでこないだろうが、やはり天敵から身を隠すには、この"たこつぼ"は実に具合がいいのかもしれない。そういえばすっぽりと穴に入った場合、砂の色と背中の色がぴたりと合うことに気がついた。自分の羽色が保護色になる安全な場所を見つける鳥たちの観察眼には、本当にびっくりさせられる。

お気に入りのたこつぼ

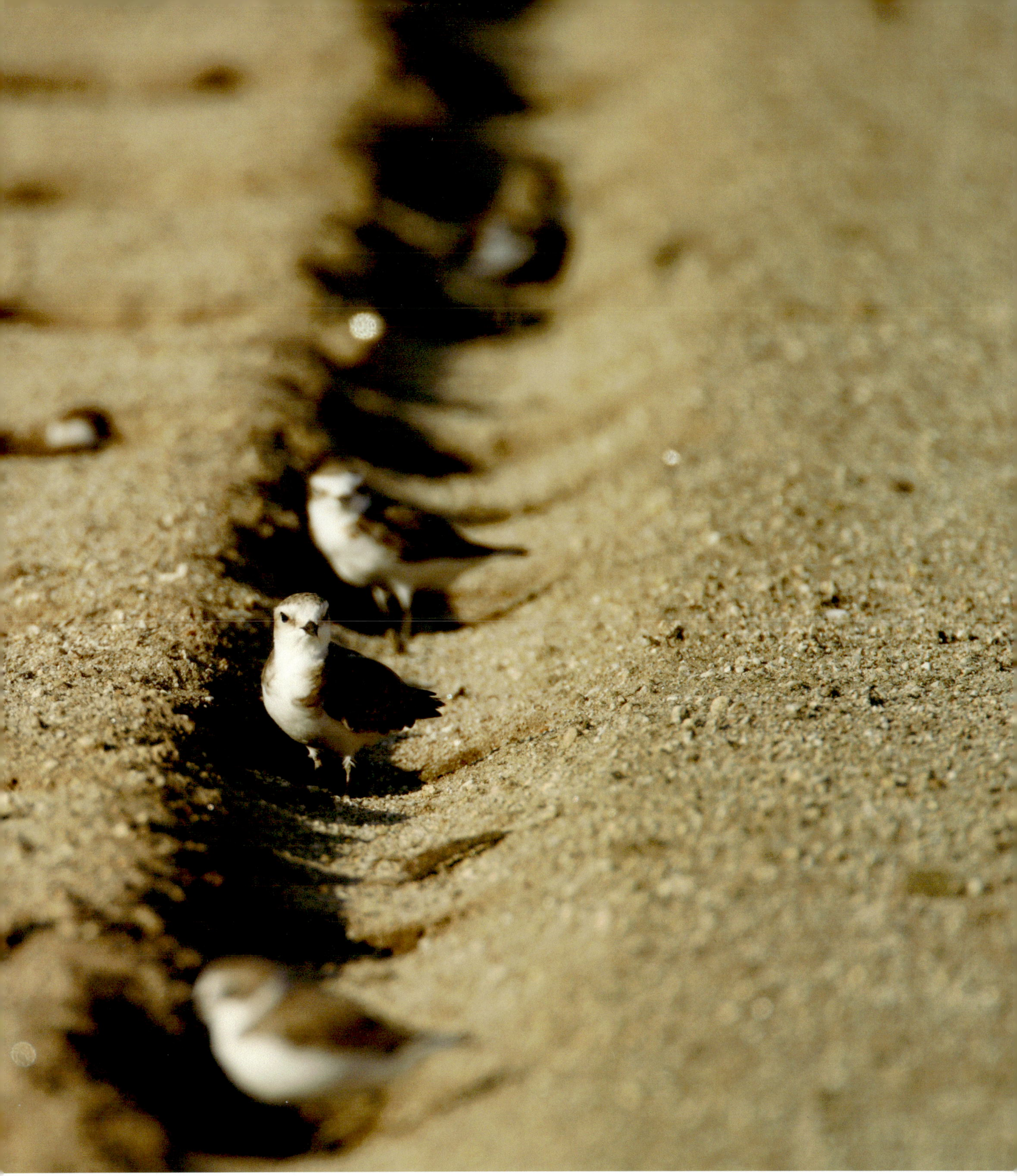

my life

くるくるまわって

　カモ類は個性的な種が多く、とりわけオスは美しい羽になるので、バーダーのみならず一般の人たちにも人気が高い。また市民公園などには餌付いているカモも多いため、親しみやすさもほかの野鳥より勝っていると思う。私はその中でもハシビロガモが好きである。オスの場合、マガモに勝るとも劣らない緑色のメタリックグリーンが美しい顔なのに、何とも目つきが悪く見える黄色い目と平べったいくちばしが合体すると……間延びしたアホ面になる。そのせいか、とても親近感がわくのだ。

　ハシビロガモの平べったいくちばしの内側は歯ブラシ状になっていて、プランクトンなどを水ごと吸い込み濾し採って食べるという。もともとこんな形をしていたわけではなかっただろうが、食生活を極めてゆくうち、いつしかくちばしは平べったく進化を遂げたのだろう。しかしパンを与えれば普通にうまそうに食べるので、くちばしが変わった形状に進化しようとも食べられるものは何でも食べるようだ。

　秋、愛知県汐川干潟の堤防をゆっくり車で走っていたとき、養魚池にハシビロガモの群れを見つけた。群れはくるくる回りながら餌を食べていた。群れで回転することによって渦を作り、渦の中心にプランクトンを集めて一気に食べるのだという。アホ面をしていてもなかなか賢い集団採餌行動、人も野鳥も顔で判断してはいけないのである。これだけの群れがくるくる回っている姿を久しぶりに見ることができたので、そそくさと写真を撮る準備をする。写真的には、普通は晴れた日のほうがいいのだが、こういう場合、曇っていてちょうどいいのだ。なぜか？　高速シャッターではただの群れの写真になってしまうが、スローシャッターにすれば流れるような動きがよくわかる作品になるのだ。できた写真を見てみると上手に回っているカットに仕上がった。また好きになってしまったぞ、ハシビロガモ！

my life

いっぱい、いっぱい！

　石垣島バンナ岳展望台でアカハラダカの渡りを撮影するため、10日間も毎日アホ面下げて、空を眺めていた。こちらに向かって来る1羽を見つけたのでレンズを向ける。飛び去った後、視線を戻すとまたこちらに向かってくる個体がいた。「ラッキー」と思いねらっていると、なんと次々とこちらにやってくる。ふと上を見ると頭上はアカハラダカだらけ！　今まで見たこともないほどの数が飛び狂っている、まさに乱舞。
　徐々に高度を上げて小さくなるタカの群れが、天の川のように流れてゆく。すべてを写真に撮りたいが、それは無理だ。こんな光景は、瞳と心に焼きつければいい。ちょっとキザに決めてみたけれど、鳥の数をカウントするのが嫌いな私にとって、この数も状況も、実は"いっぱい、いっぱい"なんだな。

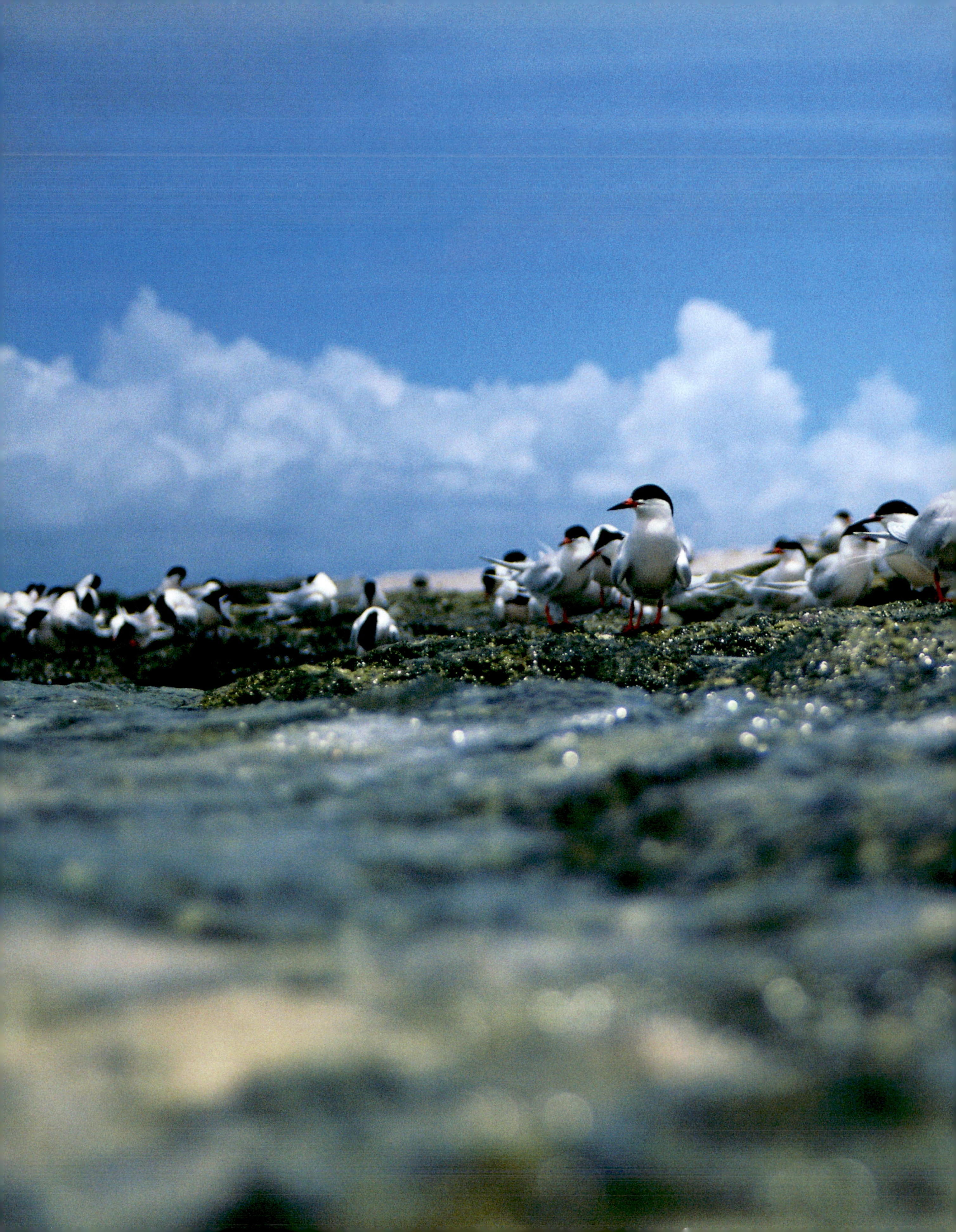

アザラシカメラマン

日差しのきつい真夏の沖縄。ウェットスーツを持っていない私が体を保護するために考えたのが、長袖のTシャツに黒のタイツという格好（某お笑いタレントのようなスタイルである）。

水中ハウジングにカメラを入れ、海上からベニアジサシの休息する場所へゆっくりと近づく。できるだけ近づかなければ作品にならない。「もう少し、あと少し」とうとう波打ち際に打ち上がってしまった。しかしベニアジサシたちは私を不思議そうに見ているだけで、逃げる気配はない。まさか人間が海中から腹ばいでビーチに上陸するなんて、彼らの歴史になかったに違いない。私の姿は彼らの目に、アザラシかはたまた粗大ゴミとして映っているのだろうか？

my life

掲載写真一覧

cover	コアホウドリのヒナ　2001年6月　アメリカ合衆国・ミッドウェイ環礁
P.1	コハクチョウ　2007年12月　島根県平田市
P.2-3	シマアオジ　2007年6月　北海道豊富町
P.4-5	イソヒヨドリ　2006年8月　沖縄県国頭村
P.6-7	ツルシギ左、エリマキシギ右　2006年9月　北海道網走市
P.8-9	オオハクチョウ　2007年2月　北海道弟子屈町
P.10-11	カナダガン親子　2002年5月　アメリカ合衆国・カリフォルニア州モントレー
P.12-13	コアホウドリのヒナ　2001年7月　アメリカ合衆国・ミッドウェイ環礁
P.14-15	エゾフクロウのヒナ　2003年6月　北海道滝川市
P.16	ケリの親子　2004年5月　愛知県愛西市
P.17	シロチドリのヒナ　1999年7月　沖縄県
P.18-19	コアジサシのヒナ　1995年6月　愛知県豊橋市
P.20-21	トラツグミ　2006年6月　北海道苫小牧市
P.22-23	カケス　2006年10月　愛知県田原市
P.24-25	ヨシゴイ　2007年8月　新潟県阿賀野市
P.26-27	アマツバメ　2006年6月　北海道斜里町
P.28-29	アオサギ　2007年9月　愛知県豊橋市
P.30	サボテンキツツキ　1997年9月　アメリカ合衆国・アリゾナ州サグアロカクタス国立公園
P.31	ドングリキツツキ　2002年5月　アメリカ合衆国・カリフォルニア州モントレー
P.32-33	オオハクチョウ　1997年2月　北海道音更町
P.34-35	イワツバメ　2003年6月　北海道羅臼町
P.36-37	ヨシゴイ　2007年8月　新潟県阿賀野市
P.38-39	エゾフクロウ　2007年2月　北海道標茶町
P.40-41	モズ　2008年1月　愛知県幡豆郡
P.42-43	コアホウドリのヒナ　2001年7月　アメリカ合衆国ミッドウェイ環礁
P.44	ゴイサギ　1997年12月　東京都上野動物園
P.45	カワセミ　2000年10月　北海道千歳市
P.46-47	カッショクペリカン　2002年5月　アメリカ合衆国・カリフォルニア州モントレー

P.48-49　クロアジサシ　2001年7月 アメリカ合衆国・ミッドウェイ環礁	P.50-51　コアホウドリのヒナ　2001年6月 アメリカ合衆国・ミッドウェイ環礁	P.52-53　ウソ 2003年7月　北海道小清水町	P.54-55　チュウヒ 2008年1月　愛知県西尾市
P.56-57　シロアジサシ　2001年6月 アメリカ合衆国・ミッドウェイ環礁	P.58 上 ダイサギ 1990年5月 愛知県西尾市	P.58 下　チュウシャクシギ 2001年6月　愛知県幡豆郡	P.59 上　ハシブトガラス 2000年12月　愛知県刈谷市
P.59 下　マリアナツカツクリ 2002年4月　パラオ共和国カープ島	P.60-61 ノスリ 2007年10月 愛知県田原市	P.62-63　ササゴイ 2005年8月　愛知県豊田市	P.64-65　オオジシギ 2006年6月　北海道豊頃町
P.66-67　セグロカモメ？　2006年11月 アメリカ合衆国・カリフォルニア州モスランディング	P.68-69　クロガモ 2003年2月　北海道浜中町	P.70-71　ノビタキ左、カッコウ右 2006年6月　北海道紋別市	P.72-73　オオハクチョウ 2000年11月　北海道弟子屈町
P.74-75　ハシブトガラス 2007年2月　北海道根室市	P.76-77　オジロワシ、ハシブトガラス 2006年3月　北海道羅臼町	P.78-79　ノスリ 2004年11月　愛知県田原市	P.80 アマサギ 1999年4月 沖縄県西表島
P.81 オオワシ 2006年2月 北海道羅臼町	P.82-83　オシドリ 2003年3月　岐阜県揖斐川町	P.84-85　シロチドリ 2007年9月　愛知県幡豆郡	P.86-87　ハシビロガモ 2007年11月　愛知県豊橋市
P.88-89　アカハラダカ 2005年9月　沖縄県石垣島	P.90-91　ベニアジサシ 1999年7月　沖縄県	P.94-95　オオワシ 2007年2月　北海道別海町	P.96 シジュウカラ 2000年4月 富山県立山

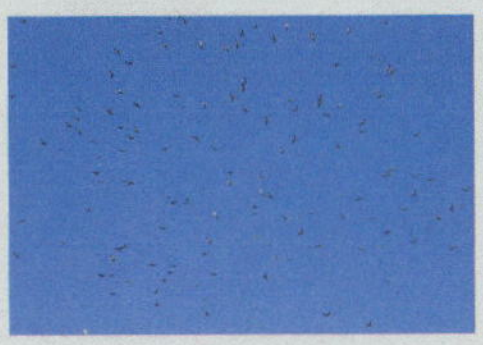

大竹左紀斗氏に心からお礼申し上げます。
アマチュア時代からいつも温かく見守ってくださった北海道滝川市、"カメラのパピヨン"の吉澤隆さん御一家、札幌市"フォトワークス・フリーク"の池田社長はじめスタッフの皆さま、おかげさまでようやく自分らしい本を出すことができました。
今まで、迷惑をかけてきた野鳥たちに本当にありがとうございました。
そして、これからもよろしく。

………戸塚学

スペシャルサンクス（敬称略）………
（有）カメラのパピヨン、
（有）知床ネイチャークルーズ、
西三河野鳥の会、
東三河野鳥同好会、
（有）フォトワークス・フリーク

あとがき

生き物が好きで偶然、アカゲラを撮影できたことから、野鳥を主な被写体としてきました。諸先輩方の写真集をくり返し眺めながら、「自分もいつかこんな写真を撮りたい」と望遠レンズつきのカメラを担いで、野鳥たちに迷惑をかけながらいつのころからか、ある疑問がわいてきました。気がつけば24年の月日が過ぎていました。

自然な写真っていったい何だろう？

人工物や汚い物を画面から排除して、できるだけ自然っぽい写真を良しとする風潮。

でも野鳥たちは人間生活と密接にかかわり合い、生活を営んでいる。

そんな人工物や人間生活を利用して生きている野鳥たちの姿は自然ではないのだろうか？

自然写真っていったい何だろう？

ここ10年、そんな複雑な思いを抱きつつ、「きれい、かわいい」というカテゴリーから外れてしまった、売れないといわれ続けた野鳥たちの笑ってしまう仕草や、傷つきながらも力強く生きる姿、死を待つ姿、そんな写真をコツコツと集めてバーダー編集部に持って行くと、あっさり連載が決まってしまった。

驚いたことに3年も続くとは！

バーダー読者の皆さんに感謝せずにはいられません。

連載のみならず、この本の出版という無謀な？・計画につき合っていただいたバーダー編集長の志水謙祐氏、すばらしいデザインをしてくださった

オオワシ
夕陽が凍てついた湖面をオレンジ色に輝かせる。
温かそうな色とは裏腹に、
夕暮れの風はすべての温もりを奪い去ってゆく。
このオオワシも温もりを奪われたのかの如く、
日没まで動くことがなかった。

作者経歴	**戸塚 学**……(とづか・がく) 1966年、愛知県生まれ。高校3年生の時写真に興味を持ち、幼少から好きだった自然風景や生き物を撮影する。20歳のとき、アカゲラを偶然撮影できたことから野鳥の撮影にのめり込む。"生き物の体温、ニオイを感じられる写真を撮りたい"と思い続けて撮影を続ける。また現在は、野鳥や生き物を取り巻く環境に目を向けた撮影も進行中。作品は雑誌、コマーシャル、カレンダー等に多数発表。日本野鳥の会会員、西三河野鳥の会会員、NPO法人希少生物研究会会員。
出版物	親と子の写真絵本「コアホウドリは　かぜと　ともだち」(ポプラ社) 写真のえほん「ヤンバルクイナ・アガチャーの唄」(そうえん社)
写真展	2002年11月　銀座キヤノンサロン「コアホウドリ～Love・Departure～」 2006年 6月　銀座スワロフスキーショールーム「デジカメが捉えた野鳥たち」 2006年11月　ギャラリーHORI　グループ展「サルも温泉が好き」
ホームページ	http://homepage2.nifty.com/happybirdsday/
使用機材	キヤノン EOS1N HS・KISS キヤノン EOS1D MarkⅡ・MarkⅡN・Ⅲ・10D・20D・40D 14mm・15mmフィッシュアイ・17-40mm・28-70mm・70-200mm・400mm・500mm・600mm・イノン製水中ハウジング

BIRDER SPECIAL

鳥たちは今日も元気に生きてます！

2008年7月26日　初版第1刷発行

写真・文	戸塚 学
デザイン	大竹左紀斗
発行者	斉藤 博
発行所	株式会社　文一総合出版 〒162-0812　東京都新宿区西五軒町2-5 tel: 03-3235-7341（営業） 　　 03-3235-7342（編集） fax: 03-3269-1402
郵便振替	00120-5-42149
印刷	奥村印刷株式会社

定価はカバーに表示してあります。
乱丁、落丁本はお取り替えいたします。
本書の一部またはすべての無断転載を禁じます。

© 2008 Gaku Tozuka.
ISBN978-4-8299-0183-0　Printed in Jap.an